All About Ceylon Tea

聖なる島・スリランカからの贈り物。
セイロンティー、おいしさの秘密——

MITSUTEA

一杯のセイロンティーが豊かな時間をつくる

　初めてスリランカを訪れたのは、1999年のこと。会社で働いていた当時、1週間の休みをとり、スリランカの紅茶生産地を巡る旅に出かけました。その旅のきっかけは、イギリスで出会ってとりこになったミルクティー。ひと口でいいから、茶園でできたての新茶を味わってみたかったのです。

　スリランカは、インド洋に浮かぶ小さな島。自然と文化が融合した独自の魅力をもつ国で、8つの世界遺産があります。古都アヌラーダプラやポロンナルワ、シーギリヤロックのような歴史的建造物、聖なる都市キャンディーやゴールの要塞都市といった建築遺産など、古代からの文明が今も息づいています。
　南部のゴールやミリッサ、ウナワトゥナなどのビーチリゾートには、透明な海と白い砂浜が広がり、マリンアクティビティが人気。ヤーラ国立公園では象やヒョウ、クマなどが自然のなかで生きる姿を間近に見ることができます。また、伝統的な医療システム「アーユルヴェーダ」の本場でもあり、体験できるリゾートやスパがあちらこちらに。トロピカル・モダニズム建築の先駆者、ジェフリー・バワによるホテルやリゾートも数多く、その美しさで人々を魅了しています。さらに、「宝石」の産地として、特にスリランカ産のブルーサファイアは有名で世界じゅうの宝石ファンが訪れています。それから、「占星術」が日常生活に深く根づいていて、国の行事の日程、結婚や引っ越しの日取り、ビジネスについてなど、重要な決定をするときには占星術師に相談する文化があり、旅行者も体験することができます。
　スリランカは自然や文化、歴史、世界遺産、冒険、癒やし、バワ建築、宝石、占星術など多彩な魅力にあふれた、聖なる島なのです。

　けれど、私にとってのスリランカはなんといっても、「紅茶」の聖地。
　目の前に広がる果てしない茶畑で、茶摘み職人たちが楽しげに歌いながら茶葉を摘む姿。休憩時間に茶畑のなかでのんびりとティータイムを楽しむ様子は、まるで夢のような光景でした。町へ行けば、八百屋さんの店先で大きなマグに注がれた紅茶を飲む人や、テイクアウト用の紅茶をポリ袋に入れてストローをさして売る店。スリランカでは、紅茶が日常に深く根ざしていることに衝撃を受けました。

当時の日本では、紅茶はエレガントな飲みもの、マナーを守りながら優雅にというイメージだったのですが、スリランカでは子どもから大人までだれもが日常的に、そしておおらかに紅茶を飲んでいました。その光景に心が弾み、「この紅茶文化のなかに身を置きたい！」と強く感じたのです。
　そして2001年、会社を辞め、スリランカに移住することを決意しました。

　当時、スリランカは内戦のまっただ中。しかも、質の高いおいしいセイロンティーはほとんどが海外へ輸出され、決まったメーカーのブレンドティーしか買えませんでした。また、私のような日本人が訪問できる茶園はとても限られていました。それでも、スリランカで紅茶に囲まれて暮らしたいという気持ちは変わらず、茶園に毎日通っては、茶畑の美しさとそこで働く人々に感動し続けました。
　2009年に内戦が終結し、スリランカは世界じゅうから注目される観光地になりました。その数年後には旅行ガイドブック「ロンリープラネット」で"訪れるべき国"のトップに輝き、その紅茶文化はさらに多くの人々に愛されるようになったのです。

　スリランカで一杯の紅茶を楽しむ贅沢を味わうたびに、私は心の底から幸せを感じます。ゆったりと流れる時間、茶の木に囲まれた風景、澄んだ空気――、そのすべてが、私にとって特別なもの。紅茶はただの飲みものではなく、豊かな時間を与えてくれる存在なのです。
　これまでに私が案内したスリランカの紅茶ツアーに参加してくれたかたがたも、私と同じようにこの国と紅茶に魅了され、その後何度も訪れるという人があとを絶ちません。紅茶の味わいだけでなく、そこに暮らす人々との出会いが、心を揺さぶる体験になるのです。

　どうぞ、あなたもスリランカの紅茶の世界へ旅してみてください。その一杯が、あなたの人生に豊かな彩りを加えてくれるはずです。

MITSUTEA合同会社　代表社員　中永美津代

Contents

002　一杯のセイロンティーが豊かな時間をつくる

011　**1　セイロンティーの魅力**

012　紅茶の国、スリランカ
014　セイロンティーの特徴
016　産地で異なるクオリティーシーズン
018　スリランカの茶畑から
020　茶摘みについて
022　3つの製法による茶葉の形状
026　3つの製法のグレード
032　セイロンティーの新しい風

035　**2　セイロンティーの7大産地**

036　**Nuwara Eliya　ヌワラエリヤ**

038　ヌワラエリヤ紅茶の特徴
040　さらに楽しむ組み合わせ
042　Pedro Estate　ペドロ茶園
044　Court Lodge Estate　コートロッジ茶園

046　**Uda Pussellawa　ウダプッセラワ**

048　ウダプッセラワ紅茶の特徴
050　さらに楽しむ組み合わせ
052　Alma Tea Factory　アルマティーファクトリー
054　Delmar Tea Estate　デルマー茶園

056　**Uva　ウバ**

058　ウバ紅茶の特徴
060　さらに楽しむ組み合わせ
062　Amba Estate　アンバ茶園
065　Aislaby Estate　エイスラビー茶園

066		Dimbula　ディンブラ
068		ディンブラ紅茶の特徴
070		さらに楽しむ組み合わせ
072		Great Western Estate　グレートウェスタン茶園
074		Laxapana Estate　ラクサパーナ茶園
080		Kandy　キャンディー
082		キャンディー紅茶の特徴
084		さらに楽しむ組み合わせ
086		Nayapane Tea Estate　ナヤパーナ茶園
088		Craighead Estate　クレイグヘッド茶園
092		Sabaragamuwa　サバラガムワ
094		サバラガムワ紅茶の特徴
096		さらに楽しむ組み合わせ
098		New Vithanakande Tea Factory ニュービタナカンダティーファクトリー
100		Forest Hill　フォレストヒル
103		Ceciliyan Estate　セシリヤン茶園
104		Ruhuna　ルフナ
106		ルフナ紅茶の特徴
108		さらに楽しむ組み合わせ
110		Pothotuwa Tea Factory　ポトツワティーファクトリー
112		Kaley Tea　キャレイティー
114		Hingalgoda Tea Factory ヒンガルゴダティーファクトリー
117	3	産地から世界へ　プロフェッショナルの仕事
118		茶園から一杯の紅茶になるまで
122		ティーテイスティングとは？
124		スリランカの紅茶機関

127	**4 セイロンティーの楽しみ方**	
128	紅茶をいれる道具 (ティーグッズ)	
129	紅茶にとってよい水	
130	**ストレートティーにおすすめのセイロンティー**	
132	ホットティーのいれ方	リーフティー
133		ティーバッグ
134	アイスティーのいれ方	オンザロックス
135		水出し
136	おいしいポイントの探し方	
140	**ミルクティー**	
140		ミルクティーにとって大切な4つのポイント
142		牛乳についてもっと知ろう
143		殺菌方法別の牛乳とセイロンティーの組み合わせ
144		プラントベースミルクについてもっと知ろう
145		ミルクの種類別おすすめ茶葉と使い方
146	ミルクティーのいれ方	基本のミルクティー
147		濃厚アイスミルクティー
148		チャイ
149		マサラチャイ
150	**セイロンティーを楽しむ食材**	
150		with フルーツ
152		with ハーブ
154		with スパイス
156		with アルコール
158		with 甘み
160	**MITSUTEAの紅茶でつくるアレンジティーレシピ**	
161		春のフルーツティー
162		金柑とスターアニスの紅茶
163		マシュマロいちごミルクティー
164		桜紅茶
165		桜ロイヤルミルクティー
166		シトラスティー
167		ミントミルクティー
168		桃のスパークリングアイスティー

169		クラフトティーコーラ
170		すいかのミントティースカッシュ
171		ティーゼリー
172		ラム酒ティーカクテル
173		エルダーフラワーマスカットティー
174		小倉アイスミルクティー
175		ショコラロイヤルミルクティー
176		甘酒ミルクティー
177		ミルクティージャム
178		クリスマスティー
179		モルドワインティー

181　5　スリランカでの紅茶

182	キリテー、プレンティー、カハタ
184	スリランカのミルクパウダー
186	スリランカの紅茶のおとも
188	食後の紅茶
189	街の紅茶店
190	ホテルやカフェで楽しむティータイム

193　6　セイロンティーの歴史

194	セイロンティーの歴史
196	セイロンティーを発展させたふたり
197	データで見るセイロンティー
198	スリランカの茶園&ティーファクトリーリスト
212	ティーテイスティング用語
219	参考文献
220	MITSUTEA

セイロンティーの魅力

日本の紅茶輸入量の第1位は、セイロンティー。1972年にセイロンからスリランカ共和国に、1978年にスリランカ民主社会主義共和国と国名が変わりましたが、すでに世界じゅうで紅茶は流通していたので、セイロンティーの名称はそのままに。だから現在でも、スリランカでつくられた紅茶は「セイロンティー」です。そして、なんと国民の10人に1人が紅茶産業にかかわっている紅茶大国なのです。

紅茶の国、スリランカ

光り輝く豊かな島で
暮らしにとけ込む紅茶を

　スリランカとは、シンハラ語で「光り輝く島」を意味します。インド洋に浮かぶスリランカは九州よりひと回り大きく、北海道よりひと回り小さい、しずくのような形をした熱帯の国です。空港でタラップを降りると、湿気を帯びた熱気が立ち込め、日本の真夏を思わせるようなムンとした空気が出迎えてくれます。首都はスリ・ジャヤワルダナプラ・コッテですが、経済の中心は南西海岸沿いの都市コロンボです。

　街に出ると、トヨタや日産などの日本車があふれ、クラクションがそこらじゅうで鳴り響きます。その間を縫うように、トゥクトゥク（原動機付き三輪自動車）がわれ先にと急いでいます。渋滞と喧噪のなか、少し脇道に入ると大きな街路樹が生い茂り、あっという間に緑のアーケードが広がります。

　木陰から街を見わたすと、レストランではティータイム、オフィスでもティータイム。ショップ、屋台、家々で、どこもかしこもティータイム。男性も女性も、大人から子どもまで、毎日紅茶を飲むのがあたりまえの世界。それも一日に3杯は楽しむのだといいます。

　上品でちょっぴりおめかししたアフタヌーンティーも好きだけれど、生活のなかにある飾らないティータイムも素敵じゃない？　紅茶は特別なものじゃなく、日常のなかで気軽に楽しむ飲みものでなきゃ！　世界じゅうで水の次に飲まれているのが、ティーなんだから。

　そんな紅茶の国・スリランカには、紅茶以外にも魅力がたくさん。

クラクションが鳴り響く、スリランカ最大の都市コロンボ。

コロンボの街角の屋台にて。紅茶でひと休み。

上／街じゅうでよく見かける、オフィス街のキッチンカー。
中／ケースのなかには、スパイシーな軽食がずらりと並ぶ。
下／キッチンカーで手際よくキリテーをつくるスタッフ。

　留学経験のない私が、初めて異国に長期間住むことになったとき、シンハラ語で「アーユーボーワン（こんにちは）」を覚えただけで、英語力もほぼゼロ。そんな私でもバスやトゥクトゥクで茶園に通ううち、友達がどんどんふえていきました。海沿いの町・ウェリガマに住んでいたときは、ボディボードを楽しんだり、保育園の先生を手伝ったり、流れ星が多い時期にはのんびりと夜空を眺めたりしたことも。
　スリランカの魅力は、豊かな自然、目が合うとにっこり微笑んでくれるおだやかな国民性、そして世代を超えて受け継がれる古きよきものを大切にする生活様式……。
　こうしたスリランカのすばらしい魅力も、ぜひ体験していただきたいのです。

セイロンティーの特徴

一年じゅう、紅茶がつくられる

　日本やインドのダージリンなど、寒い冬がある地域では紅茶が採れない時季がありますが、赤道の少し北に位置するスリランカは一年を通して気温の変化が少ないため、紅茶は一年じゅう栽培されています。そのため、いつ訪問しても、産地に行けば紅茶の新茶が楽しめます。

　たとえば、標高2000m近くになるヌワラエリヤは冷涼な気候ですが、紅茶の栽培を寒さで休むことはないのです。

個性豊かな7つの産地

　7つの産地はそれぞれが隣り合っていて、2時間もドライブすれば、別の産地に入っていきます。世界的に見ても、このようにタイプの違う紅茶の産地が集中している場所は、どこにも見あたりません。産地が違うということは、紅茶の味や香りがそれぞれまったく異なっているということ。一見同じように見える茶畑ですが、紅茶の味はがらりと変わります。

　インドのダージリンが好きなら、ヌワラエリヤを。コクのあるアッサムが好きなら、サバラガムワを。インドネシアのさっぱりとした紅茶が好きなら、キャンディーを。そして、アフリカのケニアでつくられている丸い粒状のCTC紅茶（p.30参照）はスリランカ全土でつくられています。つまり、世界各地で採れるさまざまなバリエーションの紅茶を、スリランカ一国で網羅しているということ。世界じゅうのどんなニーズにも全部応えられちゃう！　これって、ほんとうにすごいこと。

ほぼ100％手摘みです

　そして、今も変わらず、ほぼ100％人の手で摘まれています。人の目で見て、人の手でさわって、ていねいに選り分けながら、紅茶の旨み成分がたっぷり充満している茶の木の先端のやわらかくみずみずしい新芽と、その下につく2枚の葉（一芯二葉）だけをかごに入れていくのです。おいしい紅茶になるわけですね。

3つの標高

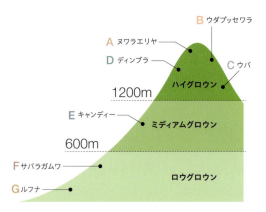

標高別紅茶生産量

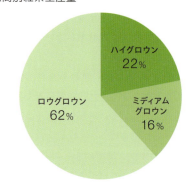

セイロンティーの7大産地

紅茶は栽培に適した気候、適度な降雨、肥沃な大地でつくられる農作物です。紅茶の産地は、スリランカの中央から南西部にかけたエリアに広がっています。スリランカの北部は乾燥地帯のため、紅茶は栽培されていません。

現在、スリランカの紅茶は7つの産地に分けられ、それぞれが以下のような際立った味の特徴をもっています。

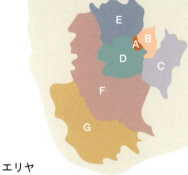

A ヌワラエリヤ
グリニッシュな香りと涼やかな飲み心地

B ウダプッセラワ
奥行きを感じる上品でフラワリーな余韻

C ウバ
さわやかなメントール系の味わいと香り

D ディンブラ
ウッディーなコクとすっきりしたあと味

E キャンディー
あんずのようなフルーティーな甘み

F サバラガムワ
はちみつのような甘みとコク

G ルフナ
ほろ苦くも、甘く香ばしい余韻

ハイグロウン地域は、半袖一枚で一年じゅう快適に過ごせる気候。最高地のヌワラエリヤまで行くと、涼しいというよりも寒く感じる日もあります。標高が下がれば、日本の夏のような暑さ。この標高差による気温差から、でき上がる紅茶のタイプも変わってきます。一般的に、標高が高いほど、水色はライトになり味は繊細でフラワリー（花のようなかぐわしい香り）に、心地よい渋みが出てきます。反対に標高が低くなると、水色に深みが増して赤銅色に。味にコクが出て甘みが増し、渋みは抜けていきます。「標高が高いほうが、香り高い紅茶になる」とよく耳にしますが、私が現地に1年住んでみて、セイロンティーを毎日飲んだ経験からいうと、香りの質が変わるだけ。すべて香り高いですし、世界的にはどれも人気があるわけで、それぞれの好みかな。

7つの産地に分かれている理由は、スリランカの複雑な地形が生み出す、気候の違いによるものです。スリランカは、中央に縦に走る高い中央高地山脈があります。シンプルな地形に思えますが、実際には山や谷、盆地が入り組んだ複雑な地形です。そのため、一日のなかでも天気が変わりやすいのが特徴です。

標高差による気温や雨、風、湿度の変化、土壌の違いなど、自然条件を見極めながら、日々気候の変化に対応して工夫を重ね、セイロンティーが製茶されています。そうして、最終的にでき上がる紅茶のタイプの違いから、7つの産地に分けられるのです。

産地で異なるクオリティーシーズン

紅茶がぐんとおいしくなる乾季とモンスーンの関係

　スリランカには偏西風の影響により、「乾季」と「雨季」があります。乾季をクオリティーシーズンと呼び、紅茶がぐんとおいしくなります。紅茶の木も植物なので、雨が降ると喜び、大きく成長していきます。ただ、雨が多くなると生産量はふえますが、大味になってしまいます。

　反対に乾季になると、雨が降らない日が続くため、茶の木は必要な水分がとれず、成長スピードも遅くなり、生産量も落ちてしまいます。茶の木にはストレスがかかり、木のなかの化学成分がぎゅっと凝縮し始めるのです。その結果、味は一段と濃厚に、香りはいっそう強くなっていくのです。

南西モンスーン　6月〜9月頃

南西のインド洋からモンスーンが吹くと、スリランカの南西部は雨季となり、中央高地山脈をはさんで反対側のウバやウダプッセラワは乾季でクオリティーシーズンを迎えます。

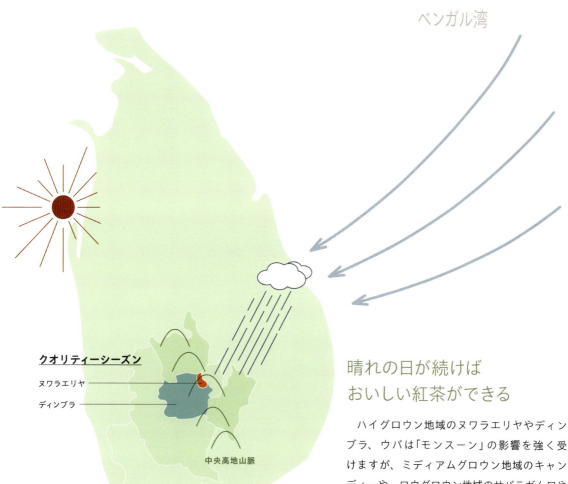

クオリティーシーズン
ヌワラエリヤ
ディンブラ
中央高地山脈
ベンガル湾

北東モンスーン　12月～3月頃

北東のベンガル湾からモンスーンが吹くと、スリランカの北東部は雨季となり、中央高地山脈をはさんで反対側のヌワラエリヤやディンブラは乾季でクオリティーシーズンを迎えます。

晴れの日が続けば
おいしい紅茶ができる

　ハイグロウン地域のヌワラエリヤやディンブラ、ウバは「モンスーン」の影響を強く受けますが、ミディアムグロウン地域のキャンディーや、ロウグロウン地域のサバラガムワやルフナは、年間を通じて一定の雨量があるため、クオリティーシーズンは存在しません。しかし、地球温暖化はスリランカの紅茶産業にも大きな影響を及ぼしています。

　とはいえ、晴れの日が続けばおいしい紅茶ができるということには変わりはありません。紅茶は農作物であり、茶園でつくられる紅茶とは一期一会なのです。おいしい紅茶に出会うその瞬間のワクワク感を、ぜひ味わっていただきたいと思います。

スリランカの茶畑から

2つのタイプの茶の木

シードリングティー Seedling tea

種から育てられた茶樹。ひとつとして同じ性質のものはなく、個性的。想像もしないような広がりや繊細さをもち、紅茶の奥深さにつながる場合もあります。樹齢50年を過ぎると、生産性は低下していきます。

VP（ヴィピー） Vegetative propagation tea

TRI（紅茶研究所）が、1950年代に導入。同じ性質の木を挿し木でふやすことができ、生産性が高くなるだけではなく、干ばつに強い、寒さに強いなど、その土地に最適な茶樹を選択することが可能になりました。

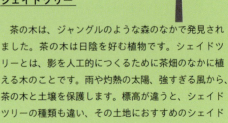

プランテーションの土地は
53年間
政府からのリース
（1992年6月22日〜
2045年6月21日まで）

スモールホルダーは
ほぼ100%が
VP（挿し木）

生産性を高めるには、シードリングティーからVPへ改植が必要ですが、費用が高額なことと、土地が政府からの53年リース契約のため、転換が進まないのが現状です。

シェイドツリー

茶の木は、ジャングルのような森のなかで発見されました。茶の木は日陰を好む植物です。シェイドツリーとは、影を人工的につくるために茶畑のなかに植える木のことです。雨や灼熱の太陽、強すぎる風から、茶の木と土壌を保護します。標高が違うと、シェイドツリーの種類も違い、その土地におすすめのシェイドツリーをTRIが研究しています。

また、シェイドツリーは一定間隔で植えられるため、距離を測るバロメーターにもなりますし、落葉によって自然の肥料にもなります。シェイドツリーの枝は、製茶工場で使う燃料としても使えます。シェイドツリーの根は深く、茶の木の根とは競合しません。

2つのスタイルの茶畑

プランテーション（大規模農園）
スリランカの茶畑の40%

スリランカでは、21の民間企業が紅茶のプランテーションを経営しています。かつてはスリランカの対岸に位置するインドのタミルナドゥ州から連れてこられ、ジャングルを開墾したタミル人が主体となって茶園の経営を支えてきました。現在、役割を担うのは、4世代目や5世代目の人々です。

スモールホルダー（小規模農園）
スリランカの茶畑の60%

プランテーションから始まった紅茶栽培ですが、さらに生産量をふやすために生まれたのが、スモールホルダー。主に、ロウグロウン地域のサバラガムワやルフナにあるシンハラ人の家の庭で行われており、10エーカー（約4ヘクタール）未満の小規模な土地で個人が茶の木を栽培し、製茶工場に販売するシステムです。

3種類の茶の木

中国種
樹高1〜3m。葉は小さく（中指よりひと回り大きいくらい）、薄くて硬め。濃い緑色で表面はマットでなめらか。寒冷地でも栽培OK。タンニン含有量は少なく、水色も弱いが、デリケートな香気。

アッサム種
樹高は10〜15m。葉は大きく（手のひらほど）、薄くて光沢がある。やわらかく、葉先はとがっている。温暖地域で栽培。タンニン含有量が多く、香りも強く、水色や味も濃厚で、紅茶向き。

カンボジア種
中国種とアッサム種の中間的な品種。TRI（紅茶研究所）の茶の木の専門家によると、スリランカの茶の木のルーツはこのカンボジア種とのこと。

TRIでは、茶畑の標高や気候、土などの状況を調べ、その土地に合う茶の木を選定しています。標高が高ければ寒さに強い茶の木、雨が少ないエリアでは干ばつに強い茶の木など、環境に合わせて、ベストの茶の木の使用が推奨されていて、現在約70種類の茶の木が栽培されています。

茶摘みについて

茶摘みタイム

茶摘みは通常、8時30分〜17時頃。10時くらいに一度、摘んだ茶葉の計量をして、ティータイム。お昼はいったん家に戻ってランチを食べたあと、午後の茶摘みが始まります。

茶畑までの道

プラッカー（茶摘み専門職人）は、山間部を歩いて茶摘みの場所へ行きますが、これが予想を超えた重労働、ちょっとしたハイキングです。摘んだ葉はトラックで回収するので車が入るための道もありますが、それでは遠回り。茶畑のなか、道なき道を最短距離で進みます。まねして後ろからついていき、到着すると、ぜいぜいはあはあ。息が上がっています。

茶摘みのカゴ

以前はカゴにひもをつけ、ひもを額で支えていましたが、カゴは2kg、茶葉が入ると10kgに。重労働のプラッカーの負担を少しでも減らすため、現在はプラスチックのカゴやナイロンの袋で軽量化しています。

スティック

茶畝の上にポンとおき、上に出ている一芯二葉だけを摘むための道具。茶畑の高さをそろえ、茶葉に均等に日光があたると、絨毯のようなきれいな茶畑になります。

ウバ地区の茶畑。斜面全体が茶の木とシェイドツリーにおおわれている。

茶摘みの服装

茶の木は等高線上に沿って植えられており、その列をひたすら摘んでいきます。茶摘み風景はのどかに見えるかもしれませんが、茶畑のなかに入ると、立っていられないほど急な斜面も多く、また、茶の枝はかたくて強いので足が傷ついたりしながら、ぐいぐいと進んでいくのです。サリーを着ているプラッカーもいますが、生地を傷めないようヒップガードを巻いています。現在は、ブラウスにスカートなど、カジュアルな服装の人も多くなりました。

タオルや布の上にひもを引っかける。袋がずれず、クッション性も高まる。

ナイロン製の袋で軽量化。

首にはネックレス。おしゃれに興味があるのは万国共通。

サリーやスカートの生地を傷めないためのヒップガード。

茶摘み

通常、先端にある一芯二葉を摘みます。葉にはポリフェノール（カテキン）やカフェイン、アミノ酸をはじめ、さまざまな化学物質が含まれています。そのなかでも、ポリフェノールは紅茶の味や香り、特徴に密接にかかわっています。若い葉にはこれらの成分が集中していて、おいしい紅茶に欠かせない要素。ただ、一芯三葉で摘むと生産量がふえて効率がよいので、さわってみてやわらかければ摘む茶園も多いのです。

摘んではいけない葉

一芯二葉ならどれでも摘むというわけではありません。茶の木の高さをそろえるために、スティックの下の一芯二葉は摘まないですし、スティックの上でも小さすぎる葉は摘みません。摘むのは次回、大きく育つまで待つのです。絨毯のように一面をフラットにしたいから、通路にはみ出てきた一芯二葉も摘みません。

摘んだのに捨てる葉

摘んだばかりの一芯二葉。計量前に袋に手を入れ、がさごそと茶葉を選びます。摘んだ葉を再度さわって、「やっぱりかたいな」というものをポイポイと捨てるのです。やわらかい葉っぱにこそ、紅茶のおいしさのもとがたくさん！　捨てる葉は「コースリーフ」と呼ばれています。

計量

一日3回（10時頃、お昼頃、夕方）

摘んだ茶葉の重さをはかり、各自のカードに摘んだ茶葉のキログラム数を記入。ノルマ以上を摘むと、インセンティブも！　カードの裏にはだいたいインドの映画スターが。

一芯二葉とは

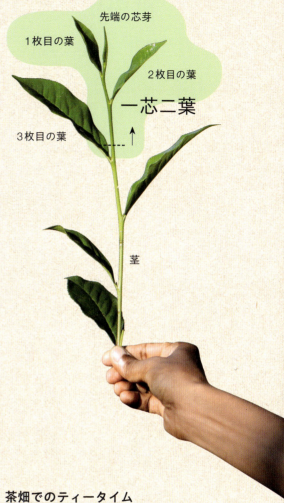

先端の芯芽
1枚目の葉
2枚目の葉
一芯二葉
3枚目の葉
茎

茶畑でのティータイム

10時頃、茶畑のなかの小さな広場で1回目の計量をします。そのあとは、家からカレーやイドゥリ（発酵させた白パンのようなもの）、ビスケットなどと紅茶をもち寄り、足を投げ出し、茶畑のなかでティータイムが始まります。

茶畑のメンテナンス

茶摘みの仕事は、一芯二葉を摘むだけではありません。なかにはうまく育たず、芯芽が出ていない枝も。この「ワンギ」と呼ばれる枝は、見つけしだい摘みとって捨てられます。フィールドを手厚くメンテナンスしながら、茶摘みをしているのです。

3つの製法による茶葉の形状

昼間に摘まれた葉は、すぐに製茶工場に運ばれ、
翌朝までにすべての製茶工程が完了します。
カットしてつくる「ローターベン製法」、揉んでつくる「リーフィー製法」、
丸めてつくる「CTC製法」の流れを見てみましょう。

| ローターベン製法 | リーフィー製法 | CTC製法 |

茶摘み＆茶葉回収

茶摘みした葉はメッシュ加工の袋にまとめられ、トラックで回収されて、製茶工場に運ばれます。

萎凋（いちょう）

生葉には約77％の水分が含まれています。萎凋とは、茶葉の水分をゆっくりと時間をかけて飛ばし、しおれさせる工程。6～8時間後から、アミノ酸や香り成分、ポリフェノール、カフェインが増加する化学変化が始まります。若いりんごのようなさわやかなアロマは、ホントにいい香り！葉を両手でぎゅっと握ってみて、ボールのような形がそのまま残り、弾力性がなくなったら次のローリングへ。

機械を使って製茶するが、最終的には人の判断で製茶をこまかく変える。紅茶はアート！

揉捻
じゅうねん

酸化発酵を促進する工程。石臼のようなローリングマシーンが水平に円を描くように回転し、葉の細胞をこわして化学物質と酵素を反応させます。葉汁を葉自体にまとわりつかせながら、空気中の酸素にふれさせます。茶葉の形状は、平たいものから棒状、針金状へ。この酸化発酵の工程で、紅茶の味や香り、コク、水色のベースをつくるのです。

リーフィー製法

ローターベン製法

ローターベン

肉をミンチにするようにカッターで葉を押しつぶし、こまかくカットし、さらに葉汁を出して、酸化発酵を進めます。

CTC製法

CTC製法

CTCマシーン(4回)

溝が刻まれた2本のシリンダーが4セットあり、それぞれ内向きに回転します。その間に茶葉を通し、一気に丸く成形します。

大きな葉はもう一度ローターベンへ（約3回）　大きな葉はもう一度揉捻へ（3〜4回）

ロールブレイキング

ローターベンで葉は一気にこまかくなり、団子状のかたまりとなって出てきます。ロールブレイキングではそのかたまりをふるいにかけてほぐし、摩擦熱を下げ、茶葉を均等に空気にふれさせ、酸化発酵を一律に促進させます。ふるいの下の葉は、そのまま発酵工程へ。

発酵

温度は20〜26℃。湿度は90%、約5cmの高さに茶葉を積み上げて、葉の化学成分による変化を最高の状態まで引き出します。その日の温度や湿度、発酵時間の長さにより、紅茶のできは変わってきます。一定の時間までの発酵によって紅茶の香り成分が増幅しますが、頂点を過ぎると香り成分は失われていきます。また、長すぎる発酵時間では、水色も濃く、味も鈍くなってしまいます。

工場長は、その日の気象条件、茶葉の状態を見ながら、どの段階で発酵を止めると、香り高く、美しい水色のおいしい紅茶になるかを、毎回決めていく。これは職人技ですね！

> **ディレクトファイアリング（ヌワラエリヤのみ）**
> ヌワラエリヤでは若々しくグリニッシュな紅茶づくりをするため、ロールブレイキングのあとは、発酵棚には広げずに、そのまま火入れしています。

火入れ（乾燥）

熱風で酸化酵素の働きを失活させ、発酵を止めること。これにより茶葉の水分は2～3％になります。紅茶の品質の安定や保存のためにも必要な工程です。

ふるい分け

あら熱をとり、茎や軸などをとり除いたあとふるい分けをします。ふるいのメッシュの大きさや形の違いにより、グレード別に分けられ、Vin（ヴィン）という貯蔵箱に入れられます。

パッキング

でき上がった紅茶をパッキングします。以前は木箱でしたが、現在はペーパーサックが主流です。このあと、ティーオークションで競り落とされた紅茶は、トラックで港まで運ばれ、世界各国へと旅立ちます。

3つの製法のグレード

世界中の国や地域の好みに合わせた3つの製法

　スリランカは、世界150ヵ国以上に紅茶を輸出しています。それぞれの国や地域では生活スタイルや好みが異なり、紅茶のいれ方もさまざま。ティーポットを使ってじっくりと紅茶を楽しむ場合、ティーバッグで手軽に紅茶を入れる場合など、それぞれに適した茶葉が必要です。

　そのため、スリランカでは、茶葉を小さくカットしてつくる「ローターベン製法」、茶葉をよじらせてつくる「リーフィー製法」、粒状に仕上げる「CTC製法」と大きく3つのタイプの紅茶がつくられています。それぞれでき上がりの紅茶の形や大きさが変わり、香りや味わいも変わってくるのです。

　コロンボティーオークションに出品されている紅茶をピックアップし、それぞれの製法からつくり出される紅茶のグレードを紹介します。

> **Notes 01**
> **クリーンな茶葉に**
>
> 火入れした紅茶は、荒茶と呼ばれます。このなかには、茎や繊維も混じっています。そのため、静電気を使って繊維をとり、磁器を使って異物を除去します。さらに、風力を使って茶葉を選別し、軽いものはオフグレード（二流品）として分けられます。色で選別するカラーセパレーターで黒い紅茶を選り分けます。

> **Notes 02**
> **グレード（等級）別にふるい分け**
>
> 荒茶は、さまざまな形や大きさの茶葉が混在しています。それをできるだけ同じサイズの茶葉にそろえることをふるい分けといいます。紅茶は、大きな茶葉と小さな茶葉ではベストの蒸らし時間が違うので、いれ方が変わってきてしまうからです。その茶葉の特徴を最大限に生かすために同じサイズの茶葉にそろえるのです。

ローターベン製法

リーフィー製法

CTC製法

ローターベン製法

カットしてつくる

　葉を機械でカットした「ブロークンタイプ」の茶葉。20世紀に入り、ティーポットで紅茶をいれる場合でも、大きなリーフタイプよりも短い時間で紅茶の成分が抽出されるため、需要が高まりました。茶葉がこまかくカットされることで、短時間の抽出でも、口のなかではじけるような香りや、パンジェンシーと呼ばれる心地よい渋み、そしてしっかりとしたボディが楽しめます。

　スリランカではハイグロウン地域で製造されていることが多く、ハイグロウン製法とも呼ばれています。ハイグロウン地域は、ロウグロウン地域にくらべて冷涼な気候のため、茶葉の発酵のスピードは遅くなります。そこでローターベンで茶葉をこまかくすることにより、発酵をスピーディーに進めることができるのです。

茶葉の大きさ

大 ↑ ↓ 小		
	Pekoe	ペコー いちばん大きなサイズ
	BOPsp	ビーオーピースペシャル BOPよりそろっていて長い
	BOP	ビーオーピー ペコーよりやや小さめ
	BOPF	ビーオーピーファニングス BOPよりやや小さめ
	Dust1	ダストワン 最も小さいサイズ
=	Dust	ダスト より繊維が入っていて茶色の外観

※BOP（ブロークンオレンジペコーは略してビーオーピーとする）
※OP（オレンジペコーは略してオーピーとする）

グレード6種類

Pekoe　　BOP sp　　BOP　　BOPF

Dust1　＝　Dust

＝同じサイズ

リーフィー製法

よじらせてつくる

葉をよじらせてつくる、ホールリーフタイプの茶葉です。茶葉が大きく、ティーポットでゆったりと時間をかけて抽出することで、紅茶の甘みや旨みがじっくりと引き出され、渋みはマイルドになります。

スリランカでは主にロウグロウン地域で製造されることが多く、ロウグロウン製法とも呼ばれています。最近では、ミディアムグロウンやハイグロウンの地域でも、リーフィー製法でつくる茶園が多くなり、今までのローターベン製法でつくる工場との差別化が始まっています。

リーフィー製法からは、毎日20種類もの紅茶のグレードができ上がります。日本ではこのなかでも特に大きな葉のグレードの入荷が珍しいため、特別な紅茶と思われがちですが、現地では通常つくられている紅茶です。

ふるい分けする工程では、メッシュの形や大きさが異なるふるい機が、まるで迷路のように複雑に組み込まれ、最終的にこのようにこまかく分類されていきます。

グレード20種類

No Tips Leafy（芯芽が入っていない大きな葉）

| OPA | OP | OP1 | BOP1 |

Tips（芯芽入り）

| FBOP1 | FBOP | FBOPF1 | BOPA |

| FBOPF | FBOPF sp | FBOPF exsp | FBOPF exsp1 |

茶葉の大きさと形

No Tips Leafy（芯芽が入っていない大きな葉）

大 ↑ ↓ 小

OPA	オーピーエー	広がっている
OP	オーピー	少し広がっている
OP1	オーピーワン	よくよじれていて細長い
BOP1	ビーオーピーワン	OP1より短い

Tips（芯芽入り）

長 ↑ ↓ 短 ↑ ↓ 長

FBOP1	エフビーオーピーワン	長い
FBOP	エフビーオーピー	
FBOPF1	エフビーオーピーエフワン	
BOPA	ビーオーピーエー	
FBOPF	エフビーオーピーエフ	
FBOPF sp	エフビーオーピーエフスペシャル	より多くの芯芽が入っている
FBOPF exsp	エフビーオーピーエフエクストラスペシャル	よじれて、大きさがそろっている
FBOPF exsp1	エフビーオーピーエフエクストラスペシャルワン	よじれて、長い

Semi Leafy（丸まっている）

大 小

Pekoe	ペコー	
Pekoe1	ペコーワン	

Broken（小さくなった）

大 ↑ ↓ 小

BOPsp	ビーオーピースペシャル	BOPよりそろっていて長い
BOP	ビーオーピー	
BOPF sp	ビーオーピーエフスペシャル	BOPFよりそろっていて少し長い
BOPF	ビーオーピーエフ	
Dust1	ダスト1	
Dust	ダスト	より繊維が入っていて茶色の外観

Semi Leafy（丸まっている）

Pekoe　　　　　Pekoe1

Broken（小さくなった）

BOP sp　　　BOP　　　BOPF sp　　　BOPF

Dust1　＝　DUST

CTC製法

カットしながら一気に丸める

　CTCとは、Crush（砕く）、Tear（引き裂く）、Curl（丸める）の頭文字。小さな粒状の丸い茶葉のことで、主にティーバッグ用としてつくられます。細胞が破壊され、生葉に含まれていた茶汁が一気に出て酸化発酵し、葉の繊維の表面についたまま乾燥させているため、茶の成分が抽出しやすくなります。CTC紅茶に熱湯を注ぐと短時間で紅茶の成分がとけ出し、強い香味と深い水色が得られるのです。しかし、萎凋時間が短いCTC紅茶は、香気成分の分解が進まず配糖体のままでいるために、香りがローベン製法やリーフィー製法とくらべて、相対的に弱いのも事実です。CTC紅茶は、軽めのストレートではなく、ミルクティーで楽しむことをおすすめします。茶葉の量をぐんとふやし、ストレートでは飲めないほど濃くいれて牛乳で割ると、とろとろで香り深く、飲みごたえのある濃厚なミルクティーとなります。

　アフリカのケニアやインドのアッサムなどはCTC紅茶の生産で有名ですが、スリランカでは全体の紅茶生産量の10％未満にとどまっています。CTCはディンブラやウバ、キャンディー、サバラガムワ、ルフナの広域にわたり、つくられています。

グレード6種類

茶葉の大きさ

大きさ	略号	名称
大 ↑	BPS	ビーピーエス 大玉
	BP1	ビーピーワン
	PF1	ピーエフワン・ペコーファニングスワン 中玉
↓	PD	ピーディー・ペコーダスト
小	Dust1	ダストワン 小玉
=	Dust	ダスト より繊維が入っていて茶色い外観

製茶中の紅茶。さまざまなグレードに分けられる。

実物大

大きいCTC

小さいCTC

> **Notes**
>
> **CTC製法は専用マシーンで**
>
> CTC製法は、CTCマシーンで製茶するので、専門のティーファクトリーでしか製茶できません。しかし、リーフィー製法とローターベン製法は、使う機械は同じなので、クオリティーシーズンは香りを重視するためにローターベン製法、シーズンオフは甘みのあるリーフィー製法と、天候を見ながら変更することも。

セイロンティーの新しい風

7大産地の特徴の先にある紅茶

スリランカの7大産地では、近年、これまでになかった紅茶づくりにチャレンジして差別化をはかる茶園がふえてきました。職人技が光るセイロンティーの新しい風、MITSUTEAいち押しの工芸茶を紹介します。

サバラガムワのフォレストヒルにて。工芸茶を手作りするティーアーティスト。

ティーwithフラワー
Amba Estate p.62

一芯一葉のなかでもやわらかく小さな葉だけを、職人がハンドロール（手もみ）してつくった紅茶に、希少なゴールドイエローの茶の花をブレンド。はちみつやアーモンドのような香り、手もみの繊細な風味が漂う、唯一無二の紅茶。

スモークティー
Amba Estate p.62

ほのかに天然のシナモンが香るスモークティー。オーガニックの茶の木から一芯二葉を手摘みし、萎凋、ローリング、発酵のあと、茶園で育てたシナモンスティック用のシナモンの廃材を使い、その煙で茶葉をいぶして乾燥したもの。

ワイルドティー
Forest Hill p.100

ジャングルの高さ10mほどの野生の茶の木に登って摘んだ茶葉を製茶。収穫できる生葉は一日にわずか4kgと希少価値の高い紅茶です。肥沃な土壌で、ストレスフリーで育った茶葉は、落ち葉のようなほっこりした深い香ばしさ。

ティーロッド （ナチュラルティーバッグ）
Forest Hill p.100

一芯二葉を手摘みし、ねじって束にまとめたもの。束の外側は紅茶の味ですが、中心は発酵がゆっくりと進むためウーロン茶のような味で、複雑さが増します。カップに入れて熱湯を注ぐと、ナチュラルティーバッグに。

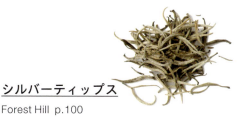

シルバーティップス
Forest Hill p.100

TRI2043という茶樹をオーガニックで育て、芯芽のみを手摘みし、乾燥させたシルバーティップス。80℃の湯でいれると、水色はわずかに色づくライトイエロー。ていねいにとった出汁や野菜スープのような繊細な味わい。

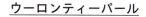

ウーロンティーパール
Kaley Tea p.112

シンハラージャ森林保護区から吹く風で、ひと晩かけてやさしく萎凋した小さな若い一芯二葉を、職人が手のひらでていねいにパールのような丸い形に。ウーロン茶ですが、ルフナらしい香ばしさ、甘みと深みのある工芸茶。

シナモングリーンロッド
(ナチュラルティーバッグ)

Kaley Tea p.112

シナモンの葉を、釜炒り緑茶で巻いたもの。日本の緑茶生産を参考に、オーガニックで育てた茶の葉をスチームし、釜炒りして緑茶をつくっています。二煎目、三煎目くらいになると、味わいと香りがぐんと解き放たれてきます。

ティーコイン
Great Western Estate p.72

グレートウェスタン茶園が設立された当時、イギリス人が支払った給料は「グレートウェスタンコイン」と呼ばれるコインでした。これは、シードリング (Seedling) の茶畑で手摘みされた紅茶を、コインの形に圧縮・成形したもの。

ブルーミングティー
Great Western Estate p.72

一輪の花が咲くような美しいブルーミングティー。Bachelor's Buttonと呼ばれる花のまわりに、シルバーティップスをていねいに巻きました。80℃の湯で一煎目を。中から赤い花があらわれてきます。ハンドメイドの逸品。

マンダリンティー
Dickwella Estate

ウバ地区の茶園で育てたマンダリンを青いうちに収穫し、果実のなかをくりぬき、紅茶を入れて乾燥させたもの。100％ナチュラルプロダクトで、人工的な香料は不使用。柑橘のさわやかな香りを存分に楽しめる。

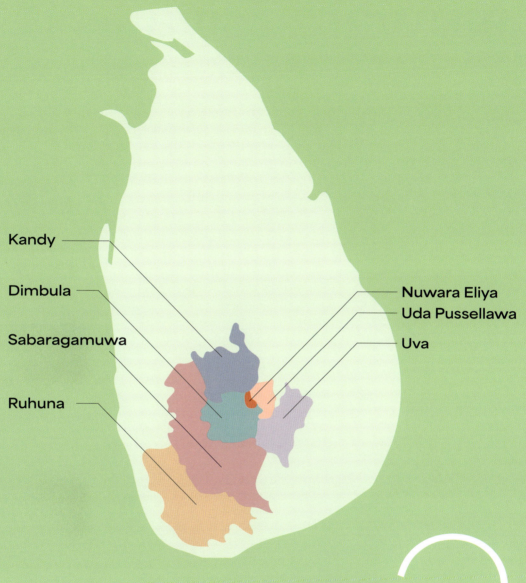

セイロンティーの7大産地

2

セイロンティーは、スリランカの中央から南西部にかけて広がるエリアでつくられています。標高が高いハイグロウン地域のヌワラエリヤ、ウダプッセラワ、ウバ、ディンブラ、ミディアムグロウン地域のキャンディー、ロウグロウン地域のサバラガムワ、ルフナまで7大産地があり、それぞれに気候も異なるため、その場所特有の際立った味の特徴をもっています。

Nuwara Eliya
ヌワラエリヤ／නුවරඑළිය／நுவரலேியா

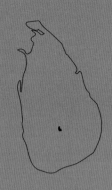
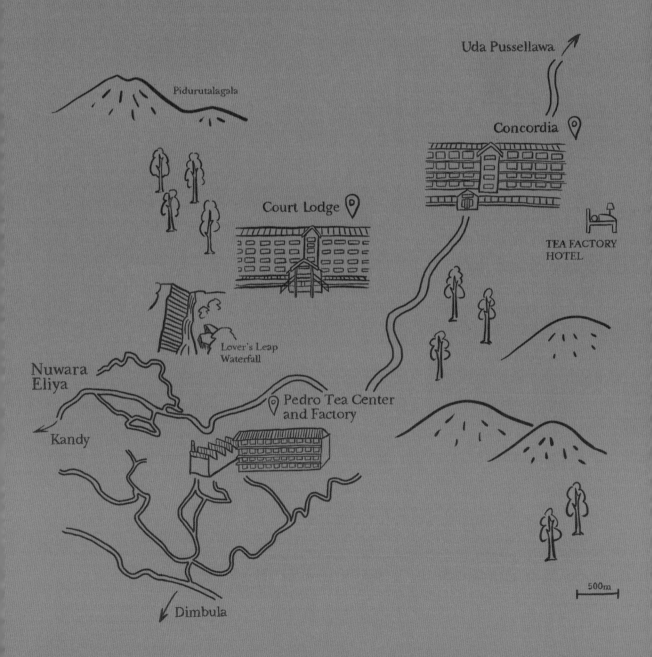

ヌワラエリヤの町の中心に位置する、英国建築様式の郵便局。

リトル・イングランドと呼ばれる避暑地

　コロンボから東へ、車でキャンディーを経由して山をひたすら登ること6時間。途中、濃い霧が発生し、前の車が見えなくなることもしばしば。車窓から見える茶畑では、雲のなかで茶摘みしているよう。標高2000m近くになると、もうすぐヌワラエリヤ。スリランカ最高峰、ピドゥルタラーガラ山の麓にある町です。

　ヌワラエリヤとは、「光がさす街」という意味。早朝、雲の間から太陽の光が一直線にさし込み、その光が少しずつ色を変えながら茶畑の緑を明るく照らす様子は、まさに名前のとおり。しばし、心を奪われる光景です。

　別名リトル・イングランドと呼ばれ、昔イギリス人プランターたちが避暑地として集った場所で、イギリス式の建築物が建ち並び、警官は乗馬しながらパトロール。一年じゅう花が咲き誇る、異国情緒の漂う町です。

　晴れた日は、日本のゴールデンウィークの頃のようなさわやかな気候で、半袖一枚で快適。雨が降ると気温はぐんぐん下がり、10℃以下になることも。日中の寒暖差が大きく、人々はマフラーを巻いたり、フリースを着たりして、気候とうまくつきあいながら過ごしています。

観光客が多いヌワラエリヤでは、上着が必需品。朝晩の冷え込みが厳しい日には、ストーブを使うことも。

ヌワラエリヤ紅茶の特徴

グリニッシュな香りと
涼やかな飲み心地

　淡いゴールドイエローの水色(すいしょく)。日本茶を彷彿させるグリニッシュ（青葉のよう）な香りと、清流を思わせる涼やかな飲み心地が特徴です。12月〜3月のクオリティーシーズンに晴れの日が続くと、はじけるようなフラワリー（花のようなかぐわしさ）とレモンのような柑橘系のアクセントが加わり、「セイロンティーのシャンパン」と称されます。

　この若々しい紅茶は、冷涼な気候によるだけでなく、製茶工程を工夫し、発酵時間を極端に短くする（ディレクトファイアリング：p.25参照）ことで、ヌワラエリヤ紅茶らしく仕上がるのです。茶葉の外観や茶殻も緑がかっていて、日本では人気ですが、生産量はセイロンティー全体の1.2％と、とても貴重な紅茶です。かつて良質なヌワラエリヤ紅茶を生産していたパーク茶園は緑茶に転換してしまい、今では「ペドロ茶園」「コートロッジ茶園」「コンコルディア茶園」の3つの茶園だけがヌワラエリヤ紅茶の生産を続けています。

Taste 味

清流を思わせる清らかで涼やかな飲み心地と、すっきりとした華やかな風味。「パンジェンシー」と呼ばれる心地よい渋みがアクセント。

Tips 1
パンジェンシーという心地よい渋みが苦手であれば、ホットでいれる場合は、少し冷ました湯を使うと、まろやかな味になります。

Tips 2
パンジェンシーを堪能したい場合は、BOPなどこまかめの茶葉を多く使い、蒸らし時間を短くしましょう。

標高

ハイグロウン　1200m

クオリティーシーズン
12月〜3月

Notes 01
ラバーズリープの滝

ペドロ茶園のすぐそばにある、この滝の水量が少なくなって、クオリティーシーズン（乾季）に突入した頃、紅茶の品質はアップします。

Aroma 香り

緑茶のようなフレッシュで、若々しい青葉の香り。クオリティーシーズン（乾季）になると、さらにレモンのような柑橘系の香りがふわり。

Recommended Way to Drink おすすめの飲み方

・ストレートティー
・水出しアイスティー

Brewing Tips

ヌワラエリヤ紅茶のいれ方のコツ

Tips 3
透明感のある涼やかな飲み心地は、レモングラスやレモンバーベナなどすっきり系のハーブと相性がよい。

Tips 4
アイスティーにするなら、断然水出しがおすすめ。冷蔵庫でひと晩、低温でゆっくりと抽出することで、さらにヌワラエリヤ特有の爽快で、涼やかな特徴が楽しめます。

Tips 5
氷水出しにチャレンジ！キンキンに冷えた氷水に茶葉を入れて冷蔵庫へ。ゆっくりじっくりとひと晩かけ冷蔵室で抽出します。水出しよりも、清涼感あふれるアイスティーに。

Notes 02
ワーカーズスペシャルティー

日本、ドイツ、フランス、イギリス、イタリアで人気で、ほぼ輸出されるヌワラエリヤ紅茶ですが、茶園で働く人向けに、しっかりと発酵させた紅茶もつくります。このワーカーズスペシャルティーはマーケットに出回りません。

Notes 03
タミルスイーツ

茶園で働くインド系タミル人が多い町なので、ほかの町ではあまり見かけない、インドで人気のあるタミルスイーツが楽しめます。

Nuwara Eliya +

さらに楽しむ組み合わせ
すっきりさわやかな風味の食材との相性抜群

ぶどう（マスカット系）
水出しアイスティーのさわやかな味わいに、シャインマスカットの上品な甘さがぴったり。エルダーフラワーコーディアル*をプラス。

*コーディアルとは、ハーブを抽出して甘みを加えたもの。

レモン
柑橘系の紅茶の風味を生かした、さわやかなレモンティーに。レモンの苦みが出ないよう、カップに入れたら30秒ほどでとり出す。

グレープフルーツ
すっきりとした水出しアイスティーに合わせると、さわやかでほろ苦い味わいが楽しめる。レモンシロップなどで甘みをつけると、さらに柑橘感がアップ。

FRUITS +

ALCOHOL +

リモンチェッロ
レモンの香りと甘みをアクセントにした、柑橘系ティーカクテル。

スパークリングワイン（白）
ヌワラエリヤの炭酸出しアイスティーと合わせると、清涼感のある低アルコールカクテルになる。食事中のドリンクとしてもおすすめ。

焼酎
焼酎の香りを生かしつつ、紅茶割りにすることで飲みやすさもアップ。

▶アレンジティーは4章で紹介

Nuwara Eliya

ペパーミント
すっきりした紅茶の味わいに。ミントの香りがすーっとしたモロッカンミントティー風に。フレッシュミントでもOK。

レモンバーベナ
レモングラスにくらべて、ほんのり甘みを感じるレモンティーのよう。レモンのような香りに癒やされる。

+ HERB

エルダーフラワー
エルダーフラワーのマスカット風味が、さわやか系の水出しアイスティーにぴったり。水出しアイスティーとコーディアルを4:1で。

レモングラス
ハーブティーに近い、すっきり系のレモンのような香りを楽しめる。

ローズマリー
レモン系の香りのハーブにほんの少しプラスして茶葉といっしょにいれてみて。味がきりっと引き締まり、アクセントになる。アイスティーには、フレッシュのローズマリーをトッピングして。

+ SPICE

コリアンダー
柑橘系の香りがヌワラエリヤのレモンのような風味とさわやかな味わいに重なる。

カルダモン
鼻に抜けるすっきりとした香りは、涼やかな飲み心地をさらにアップ。

Nuwara Eliya
Pedro Estate
ペドロ茶園

標高	1910 m	
面積	668 ha	
気温	15 ℃	
雨量	2500 mm/年	
従業員	942 人	

会社名	Kelani Valley Plantations PLC
製法	ローターベン
年間生産量	830,136kgs/year
	VP 65% / Seedling 35%
主な輸出国	ドイツ、日本、イギリス

紅茶ファンの聖地、訪問マストの茶園

　スリランカの最高峰、ピドゥルタラーガラ山(標高2524m)の麓にあるペドロ茶園。山をいくつ越えてもまだペドロというほど広大で、東京ドーム142個分の敷地面積を誇ります。

　オリジナル工場は1880年に設立。1941年に火事になり、1954年に再オープンしました。オープニングにはイギリスのエリザベス女王の代わりに夫のエディンバラ公がお見えになり、ペドロ茶園のラバーズリープ地区に20本の茶の木が植樹されました。エリザベス女王在位25周年のシルバージュビリーには、この木の生葉を使って、1kgのペコーグレードの紅茶を献上。また、在位70周年のプラチナジュビリーのときも、一芯一葉を手摘みし、特別な紅茶として献上したそうです。

上／寒さ対策をしている茶摘み女性たち。
下／できたばかりの紅茶をテイスティング。

　「ラバーズリープ」や「マハガストータ」とは、ペドロ茶園のセリングマーク(ブランド名)で、この名前で世界各国に輸出されています。世界じゅうから観光客が訪れる茶園としても有名で、その数、年間5万人！　ファクトリーツアーはもちろん、茶摘み体験やできたばかりの紅茶の新茶を楽しむことができる、紅茶ファンにとって聖地のような茶園です。

エディンバラ公が植樹した20本の茶の木の記念碑。

　製茶方法はヌワラエリヤ独特の「ディレクトファイアリング」といい、萎凋、ローリング、ローターベンのあとに、発酵棚に茶葉を広げる工程をスキップして直接乾燥へ、葉に一部緑色が残ったまま乾燥します。

　今や、ヌワラエリヤ紅茶をつくるローターベン製法は、ペドロ茶園にしかできないのです。この伝統的な製法で、世界じゅうの人たちが愛する美しくピュアなヌワラエリヤ紅茶をつくりながらも、さらにスペシャルティーをつくるなどの新しい試みにもチャレンジしています。

Nuwara Eliya
Court Lodge Estate
コートロッジ茶園

標高	1890〜2256 m	
面積	262 ha	
気温	10〜25 ℃	
雨量	2500 mm/年	
従業員	4651人	

会社名	Uda Pussellawa Plantations PLC
製法	リーフィー
年間生産量	550,000kgs/year VP 70% / Seedling 30%
主な輸出国と地域	ヨーロッパ、中国、日本、台湾

スリランカで
いちばん空に近い茶園

　ヌワラエリヤの隣町、カンダポラのそばにあるコートロッジ茶園。私が訪ねた日は気温も低く、風がビュービューと音を立てて吹いていました。コートロッジ茶園は、雲に届きそうなくらい標高の高い場所にあります。

　その歴史は古く、キナノキやコーヒーの栽培を経て、1895年に茶の木の栽培が始まりました。歴史は古いのですが、茶の木は質がよいといわれているクローン種のパーク2が70%を占めています。注目したいのは、この茶園のフィールドナンバー4。ここは標高が2200m近くもあり、スリランカの茶園ではまさに最高地点。いちばん空に近いところに実生(seedling)の茶の木があるのです。

　2021年に、ローターベン製法からリーフィー製法へ転換しました。マーケットの需要は、大きな葉のほうが多いのだそう。製法を変えても、ヌワラエリヤ紅茶らしさを出すために、発酵棚に広げることなく、ディレクトファイアリング(p.25参照)で、発酵をできるだけ弱めに仕上げています。

　乾燥の温度が95〜105℃と低くなると渋みが出てしまうそうですが、そもそもローターベン製法でつくる小さな茶葉(BOPやBOPF)は105℃以上の高温では乾燥できないのです。一方、リーフィー製法でつくる大きな葉であれば105〜115℃でも乾燥できるので、渋みが出にくい紅茶に仕上がるのだそうです。

　同じヌワラエリヤ地区にあるペドロ茶園のローターベン製法とは違う、リーフィー製法のユニークなテイストを楽しんでみてください。

フィールドナンバー4。この茶畑のいちばん上が、種から育てたシードリングの茶の木の最高地。

Uda Pussellawa

ウダプッセラワ／උඩ පුස්සැල්ලාව／உட புசல்லாவ

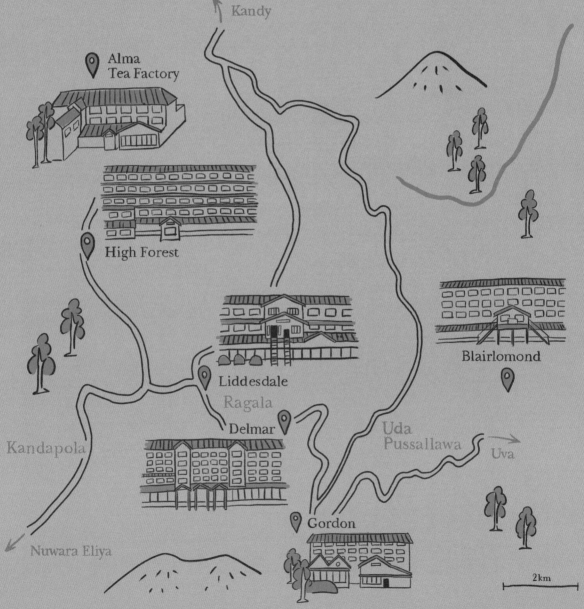

茶園のワーカーたちが住んでいるカラフルな家。ラインと呼ばれる長屋は多いが、独立型住居もふえてきた。

Uda Pussellawa

まるで絵画のなかの世界。
秘境の紅茶の楽園

　コロンボから東へ、車でヌワラエリヤを抜け、中央高地山脈を越えた東斜面へ。徐々に標高が下がってきたところに位置するのが、ウダプッセラワです。

　一歩足を踏み入れると、なんだか異次元の空間にワープ。時空を超えて、美しい絵画のなかに入ってしまったよう……。

　よく知っている茶畑の風景なのに、初めて感じるようなワクワク、ドキドキした感じ。なぜかこのような感覚に陥ってしまいます。

　ウダプッセラワには大きな町はひとつもなく、観光客もほとんど見かけません。ただただ美しい茶畑が延々と続き、見かけるのはそこに住む人たちだけ。学校が終わると、子どもたちが茶畑の横のグラウンドでバレーボールをしたり、クリケットをしたりと、夕方、日が暮れてボールが見えなくなるまで、いつものメンバーで遊んでいるのです。通りがかった大人は、足を止めて、その様子をほほえましく見守る、そんな穏やかな光景をよく目にします。

　地元の人だけが知っている、秘境の紅茶の楽園。みなさんにも知っていただきたいような、内緒にしておきたいような、ウダプッセラワとはそんな素敵な場所なのです。

茶畑のなかの平地で、クリケットを楽しむ子どもたち。

47

ウダプッセラワ紅茶の特徴

奥行きを感じる
上品でフラワリーな余韻

　ハイグロウンに分類されますが、実際はハイグロウンとミディアムグロウンに広がるエリアで、中央高地山脈の東側に位置し、北からキャンディー、ヌワラエリヤ、ディンブラ、ウバと4つの産地に隣接しています。

　ウダプッセラワ紅茶は、以前はローズのよう (Rosy) といわれていましたが、今のトレンドはフラワリーで繊細。まるで花を束ねたブーケのよう！ ストレート向きで、軽やかでメロウ（なめらか）。香りは複雑で、奥行きをぐんと感じられるような味わいです。感じてほしいのは、のど元を過ぎたあとに、口のなかいっぱいに広がるフラワリーな余韻と、ほのかなモルティー（麦芽のような）さのアクセントです。

　また、スパイスやハーブ、フルーツと合わせるときは、ウダプッセラワ紅茶とクローブだけ、ウダプッセラワ紅茶とスターアニスだけなど、それぞれ単独でひとつの食材をブレンドしてみましょう。紅茶の主張をほどよく抑え、食材のよさを引き出します。

Taste　味

軽やかでメロウ。繊細でフラワリーなテイストに、ほんのり麦芽のようなモルティーさがアクセントになり、奥行きを感じます。

Tips 1

フラワリーさを堪能するために、茶葉が大きめのリーフィータイプを選びましょう。日本の水道水との相性もよく、水出しにしてもフラワリーさを感じます。

Tips 2

蒸らし時間に注意。繊細な香りは、一定時間を過ぎるとそのよさが感じにくくなる場合も。時間をタイマーできっちりはかり、ベストの時間で茶葉をこすのがポイント。

標高

1200m ハイグロウン

クオリティーシーズン
7月〜9月

Notes 01

クオリティーシーズンは年に2回

クオリティーシーズンは年に2回ありますが、メインは7月〜9月。晴天が続くとシーズンインとなります。山々に囲まれて日照時間が短く、渓谷を風が吹き抜けます。茶の木は厳しい環境になると、質のよい紅茶をつくり出すのです。

Aroma 香り

可憐な花を集めてブーケにしたような、やさしくて上品な香りです。あと味には、フラワリーな余韻が口いっぱいに広がります。

Recommended Way to Drink おすすめの飲み方

・ストレートティー
・アイスティー

Brewing Tips

ウダプッセラワ紅茶のいれ方のコツ

Tips 3
アレンジするときは、紅茶に複数の食材をブレンドするのではなく、紅茶と単品で合わせることをおすすめします。ブレンドしたハーブやスパイスなどを際立たせる紅茶です。

Tips 4
紅茶は生産者の数だけストーリーがあり、インポーターの数だけ好みの傾向があります。まだまだ知られていない、ウダプッセラワ紅茶。いろんなタイプを楽しんで。

Notes 02
ローズのような紅茶は今もある?

以前はあったというローズのような風味のウダプッセラワ紅茶。ローターベン製法で製茶した紅茶に、ティースプーン1杯程度のミルクを入れると、水色までもローズピンクになったそう。残念ながら、今はあまりつくられていません。

Notes 03
カナダで人気!

日本には、あまりなじみのない紅茶ですが、カナダでは人気!その多くはブレンド用に使われていますが、オークションでトッププライスをマークする上質でフラワリーな紅茶は、茶園別シングルオリジンティーとしての需要も。

Uda Pussellawa +

さらに楽しむ組み合わせ
メロウな味わいは相手を上手に引き立たせる

金柑
やさしいモルティーな味わいが、金柑の苦みにうまくはまる。金柑をコンポートにして、シロップごと紅茶に。

りんご
やさしいりんごの香りが楽しめるアップルティーに。りんごにグラニュー糖をかけて果汁を出しておくと、香りと甘みがアップする。

桃
フラワリーな香りは、上品な桃の香りに奥行きをプラス。桃をコンポートにして、シロップごと紅茶に。

FRUITS +

ALCOHOL +

ブランデー
ブランデーの華やかな香りに、紅茶のモルティーさが重なり、互いを引き立てる。

ラム酒
ダークラム酒のカラメル風味と紅茶のメロウさがほどよく調和。香りの余韻も感じる。

梅酒
紅茶のメロウな風味に、梅酒の香りがアクセント。

▶アレンジティーは4章で紹介

+ HERB

ローズレッド

フラワリーな風味に、優雅なバラの香りが広がる。

レモンバーベナ

軽やかな味わいのなかに、レモンのような香りとやさしい甘みも感じられる。

レモングラス

軽やかで、さわやかなレモンティーのよう。食後の紅茶にもぴったり。

ジャーマンカモミール
軽やかな紅茶に、カモミールの甘ずっぱいりんごのような香りがさわやか！

エルダーフラワー

メロウな紅茶の味わいに、上品なマスカットのような香りが心地よい。

+ SPICE

クローブ

モルティーな味わいに、クローブの独特な甘い香りがふわっと香る。ウダプッセラワは、クローブのよさをうまく引き出す貴重な紅茶。

スターアニス

個性的な甘い香りは、モルティーな風味にぴったり。オリエンタルな気分に。

Uda Pussellawa

Uda Pussellawa
Alma Tea Factory
アルマティーファクトリー

標高	1310 m	
面積	茶畑なし	
気温	15〜30℃	
雨量	—	
従業員	90人	

会社名	Footprints Holdings Pvt Ltd
製法	リーフィー
年間生産量	800,000kgs/year
主な輸出国	イラク、トルコ、イラン、リビア、中国、ドイツ、アメリカ、日本、カナダ、ウクライナ、オーストラリア
契約農家	2500

軽やかな紅茶。
ほのかなモルティーさがアクセント

　私が初めて輸入したウダプッセラワ紅茶は、アルマティーファクトリーのものでした。工場は切り立つ崖の上にあり、下からゴーッと吹き上げてくる風で、飛ばされそうになるほど。山々に囲まれ、日光の当たる時間が少なく、乾季の時期の雨も少ない。茶の木にとって厳しい状況だからこそ、ストレスによって香りもより強く、味わいもいっそう濃くなっていきます。

　アルマティーファクトリーは茶畑をもっておらず、近隣から生葉を買って製茶しています。「まったく雨が降らず、もうカラカラでね。つい最近山火事があったんだ。茶畑は大丈夫だったけど、乾燥しているから危ないよね」とマネジャー。紅茶の輸出会社に長年勤務していたという経歴をもち、世界じゅうの紅茶のマーケットを知り尽くしています。

　彼が来て1年、生葉を1日50kg集めてスタートしてから、たった1年で5000kgも集まるように。これも一芯二葉を徹底し、よい生葉だけを厳選して製茶することで、オークションでの紅茶の値段がどんどん上がり、それに伴って生葉の購入値段も上がってきたから。

できたての紅茶のテイスティングの準備をしているところ。

　アルマティーファクトリーの紅茶は、抽出した茶殻がヌワラエリヤのようにグリニッシュ。なめらかで、ちょっぴりのモルティーさが決め手。日本人の好みに合う繊細さをもっています。

　マネジャーの祖父は、歴史あるルークウッド茶園の創始者だそう。私も以前キャンディー郊外にあるルークウッド茶園を訪問したことがありますが、当時、スリランカではまだ珍しかったオーガニック紅茶を製茶していたので、強烈に印象が残っていました。「僕もいずれは、祖父のようにオーガニック紅茶にチャレンジしたい」と目を輝かせていました。

上／崖の上に建つアルマ茶園の工場。
下／茶殻もグリニッシュ。

Uda Pussellawa
Delmar Tea Estate
デルマー茶園

標高	1524 m	
面積	418 ha	
気温	22〜25 ℃	
雨量	2310 mm/年	
従業員	3600人	

会社名	Browns Plantations PLC
	（Uda Pussellawa Plantations PLC）
製法	リーフィー
年間生産量	900,000kgs/year
	VP 39% / Seedling 61%
主な輸出国	中東、ロシア、日本

口のなかで反響する
フラワリーな余韻

　ヌワラエリヤからウダプッセラワへ、車で東へ向かうこと1時間。山あいの村と茶畑、そして茶園のワーカーたちが住んでいるカラフルな壁の建物が点在する斜面をだいぶ下ったところにあるのがデルマー茶園です。

　デルマー茶園は、19世紀にドイツ人のバロン・フォン・デルマー（Baron Von Delma）氏が所有しており、彼の名前から茶園名がつけられました。最初はコーヒー農園でしたが、のちに紅茶へとシフトしました。

　デルマー茶園はウバとの境界線に近く、ウダプッセラワのなかでもウバ寄りに位置しています。そのため、7月～9月のウバのクオリティーシーズンには、晴れわたる日が多く、ウバ特有の風（p.16参照）も茶畑に届くため、さわやかなメントールの風味がほのかに加わることもあります。

　また、12月～3月のヌワラエリヤのシーズンには乾燥した気候となり、ヌワラエリヤ寄りのライトでさわやかな紅茶が生まれます。茶殻には、ちょっぴりスパイシーなナツメグのようなアロマのアクセントがあり、甘くエキゾチックな香りが楽しめます。飲んだあとには、口のなかで反響するフラワリーな余韻も楽しめます。少し甘いあと味には、ローズのようなニュアンスもちらりと感じられます。

上／英語、シンハラ語、タミル語表記の看板。
下／工場へ続く入り口で、バスを待つ住民。

　1年を通じて、3つの異なるキャラクターの味わいが楽しめる製茶をしている茶園は、ほかにはなかなか見あたりません。これは、土地の気候を生かし、フレキシブルに製茶方法を変更しているからこそ。製茶は大量の機械を動かしますが、製茶の工夫や変更は、今でもマネジャーや工場長の判断。プロフェッショナルな紅茶づくりが魅力の、デルマー茶園です。

1945年に工場が設立された。

Uva
ウバ／උව／ஊவா

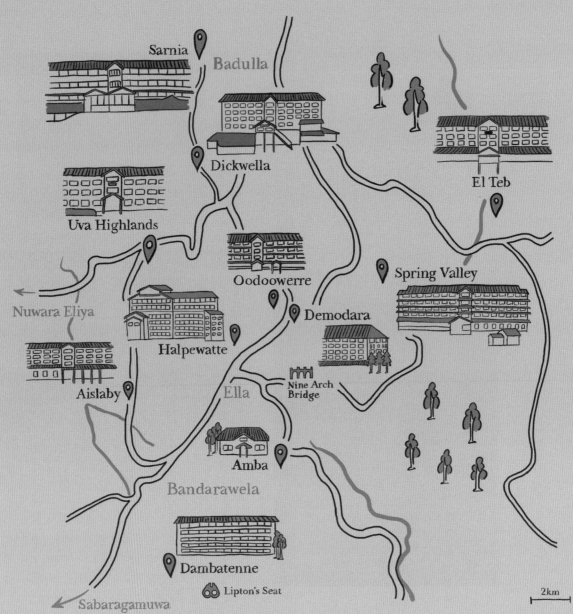

トーマス・リプトンが愛したウバの景色、リプトンズシート。

あのリプトンも愛した、雲海が広がる茶畑

　スリランカの南東部、中央高地山脈の東に位置するウバ。現地では「ウーワ」と発音されます。コロンボから東へ車で約6時間かかりますが、多くのヨーロッパ人観光客は鉄道で、「エッラ」という人気の観光地を訪れます。コロンボからキャンディーやディンブラを経由し、ヌワラエリヤのすぐそばを通って山を越え、エッラへと向かいます。遠回りにはなりますが、美しい茶畑を車窓から堪能しながら、ゆっくりと鉄道の旅を楽しめます。イギリス植民地時代に建設された「ナインアーチブリッジ (Nine Arch Bridge)」という美しいアーチをもつ石造りの列車橋やトレッキングなど、山の魅力を満喫する旅行者で賑わう町です。

　紅茶ファンなら、エッラの手前にあるバンダラウェラへ。気候も穏やかで、長く住むならキャンディーかバンダラウェラかどちらかと悩むほど魅力がいっぱい。小さな町ですが、ウバの名園へのアクセスに便利。

　ぜひ訪れたいのが、リプトンズシート。イエローラベルで有名なトーマス・リプトンが愛したウバの景色は、ダンバテン茶園の敷地内にあります。晴れた日には見わたす限り壮大な茶畑、眼下に雲海が広がることもあります。

高原リゾート・エッラの茶畑にあるホテルのバルコニー。

ウバ紅茶の特徴

メントール系の
さわやかな香りと味わい

かつて世界3大銘茶といわれたのが、インドの「ダージリン」、中国の「キーモン」、そしてスリランカの「ウバ」です。ウバはクオリティーシーズンに入ると、突如、独特のスーッとするメントール系の爽快さがあらわれてきます。

いつもと異なるキャラクターが出てくるのは、カッチャン(KACHAN WIND)の影響です。カッチャンとは「ピーナッツ」を意味するタミル語で、ピーナッツの収穫時期に海から吹くミネラルを含んだ強い風のこと。6月下旬から8月にかけて渦を巻くように吹き荒れ、茶の木は、葉が摘まれる前に萎凋を半分済ませたかのように、擦れて乾燥してしまいます。それが2週間ほど続くと、茶の木が生き残ろうとする生命力によって、ミントのようなさわやかなメントール系の香りと味わいが出てくるのです。

ウバ地区のなかでも、カッチャンを受けてクオリティーシーズンを迎えられる茶園は、「エイスラビー茶園」「ウバハイランズ茶園」「ディクウェラ茶園」などごく一部。ほとんどの茶園は、メントール系の風味は期待できません。

標高

クオリティーシーズン
6月中旬 〜 9月中旬

Taste 味

6月中旬〜9月中旬のクオリティーシーズンは、紅茶のコクだけではなく、パンジェンシーといわれる心地よい渋みも出て、さわやかな味わいに。

Tips 1

きちんと「茶葉をはかり」、「熱湯もはかり」、「蒸らし時間もはかる」。おいしさのポイントが狭い場合が多いので(p.136参照)、紅茶をいれる条件がぶれると、ポイントを逃してしまいます。

Tips 2

クオリティーシーズンの紅茶は、苦みと隣り合わせ。茶葉の量を減らしても、ある一定の蒸らし時間が過ぎると、苦みが出る場合があります。茶葉はいれたままにせず、すべてこしましょう。

Notes 01
クオリティーシーズンは満天の星

クオリティーシーズンは雨が降らないので、生活している人にとっては、水が足りず、毎日の生活も困難になります。厳しい日が続きますが、夜には空を見上げてほしい。落ちてきそうなきらめく美しい満天の星です。

Aroma 香り

クオリティーシーズンには、メントール系のさわやかな香りになります。ミントを入れたかのような爽快さが駆け巡ります。

Recommended Way to Drink おすすめの飲み方

・ストレートティー
・軽やかなミルクティー
・アイスティー

Brewing Tips ウバ紅茶のいれ方のコツ

Tips 3
クオリティーシーズンの紅茶はストレートがおすすめ。ミルクティーにする場合は、茶葉を少し多めに、ミルクは少なめにして、春夏向きの軽やかなミルクティーを楽しみましょう。

Tips 4
クオリティーシーズンのメントール加減は好みによります。爽快さプラス心地よい渋み、そして紅茶にしっかりとコクがあるものを選ぶことがポイントです。

Tips 5
ウバはクオリティーシーズン重視で。シーズンオフは爽快さがなくなります。暦のうえではシーズン中でも、途中でまとまった雨が降ると、その年のクオリティーシーズンは終了です。

Notes 02
シーズンによって製法を変える

クオリティーシーズンの紅茶は、はじけるような茶葉の香りを生かすためにローターベン製法でつくり、日本やドイツで人気。シーズンオフは揉んでつくるリーフィー製法にする茶園もあり、ロシアや中東、中国で人気。

Notes 03
真夜中のティーファクトリー

通常は朝、紅茶ができ上がりますが、クオリティーシーズン中は生産量が落ち、製茶時間を早めるため、深夜から早朝にはでき上がってしまいます。クオリティーシーズンの製茶を見たい場合は、真夜中に工場に行きましょう。

Uva +

さらに楽しむ組み合わせ

際立つメントールの特徴はすっきり系の食材にぴったり

グレープフルーツ

ウバのメントール香が不思議と控えめになり、グレープフルーツのさわやかさが印象的。少し砂糖を入れると、さらにフルーティーに。皮つきで入れる場合は、皮の苦みが出ないうちに引き上げて。

パイナップル

意外な組み合わせですが、すっきりとした紅茶の味わいがパイナップルの甘い香りを引き立たせ、軽やかなフルーツティーに。少し砂糖を加えるのがおすすめ。

リモンチェッロ

ウバのさわやかな味わいに、リモンチェッロのレモン風味が引き立つ。香りと口あたりのよい親しみやすいティーカクテルに。

梅酒

きび糖を少し加えると、紅茶のメントール香がライトになり、梅の甘ずっぱい香りがふくよかに。梅酒はお酒や梅の種類によっても風味が異なるので、好みの組み合わせを見つけるのも楽しい。

▶アレンジティーは4章で紹介

Uva

+ HERB

+ SPICE

ペパーミント

ウバのメントール風味とミントの「ダブル清涼感」を楽しんで。茶葉とミントを多めにして、ちょっぴり砂糖を加えたミルクティーにしてもおいしい。夏におすすめのさわやかミルクティー。ストレートティーのときは蒸らし時間を短めに、ミルクティーにするなら蒸らし時間は少し長めにするのがコツ。

ローズマリー

青々とした爽快な香りはウバの軽快な渋みと合わさり、すがすがしい紅茶になる。食事の紅茶に最適。

レモングラス

さわやかなレモンのような香りが、ウバのすっきりとした味と重なり、シャープな印象の紅茶になる。茶葉の量も蒸らし時間も減らしてライトにいれて。

カルダモン

カルダモンのさわやかに鼻を抜ける香りは、メントール香の紅茶にピタリとはまる。食事のお茶はもちろん、食後にすっきりとしたいときにもおすすめ。苦みもあるため、ウバと合わせるには少しずつ加えながら調整を。

Uva
Amba Estate
アンバ茶園

標高	1000 m	
面積	50 ha	
気温	15〜25 ℃	
雨量	1650 mm/年	
従業員	100人	

会社名	JSOC HOLDINGS PVT LTD
製法	ハンドメイド&リーフィー
年間生産量	1,200kgs/year VP 50% / Seedling 50%
主な輸出国と地域	アメリカ、日本、台湾、香港、ベルギー、カナダ、イギリス、フランス、オランダ、ベルギー、スウェーデン、オーストリア、エストニア、ハンガリー、ウクライナ、韓国、シンガポール、オーストラリア、ニュージーランド、南アフリカ

持続可能をめざす、これからの茶園のカタチ

欧米を中心に、年間約7000人もの観光客が訪れる小さなオーガニック茶園。スリランカでは茶園の労働者不足が懸念されていますが、ここでは「働きたい人が250人待ち」というほど、異例の人気を誇ります。実際に訪れてみると、大きな製茶工場も壮大な茶畑もなく、ウバ地区にありながら、クオリティーシーズン特有のメントール系のアロマも感じられません。

「ハイ！ ミツ。また会えたね」。そう声をかけてくれたのはディレクターのサイモン。スリランカ生まれインド育ちのイギリス人です。アンバ茶園の創始者は、彼を含め、アメリカ人、イタリア人、ウズベキスタン人という多国籍なメンバー。ここではオーガニック栽培で、紅茶をはじめ、コーヒーやスパイス、ハーブ、ジャムなどを地域の人たちとともにつくっています。

アンバ茶園の紅茶は格別においしく、香り高いのが特徴です。それは、日々、紅茶のデータを収集・分析し、翌日の製茶に反映するという地道な努力の積み重ねによるもの。茶摘みも、量ではなく質を重視しており、ほかの茶園ではノルマがあるのに対し、アンバ茶園ではそれがありません。それよりも、トレーサビリティー（生産から消費者への過程を管理する仕組み）を重視し、だれがどこでどのように摘んだ葉か、運搬時にダメージはなかったかなどのデータをとり、管理しています。

茶摘みするのは、「一芯一葉」という驚くほど小さな部分。通常、ほかの茶園では摘まずに育てるような小さな葉ですが、ここでは土の栄養をたっぷり含んだその少量の葉を、ていねいに時間をかけて手で揉み、製茶します。

オーガニックで育てたセイロンシナモンスティック。

ティーアーティストがハンドロール（手揉み）で製茶する。

現在、アンバ茶園の紅茶のラインナップは20種類を超え、世界じゅうのお茶の大会で金賞を多数受賞しています。ドライにした茶の花をごろりとブレンドしたティーwithフラワー（p.32参照）、甘みのあるセイロンシナモンスティックの製造、そのシナモンスティックで出る廃材の枝を、薪として利用してつくったスモークティー（p.32参照）、さわやかなレモングラス、マンゴー＆ジンジャージャム、パパイヤ＆パッションフルーツ＆バニラジャムなど、さまざまな商品がそろっています。

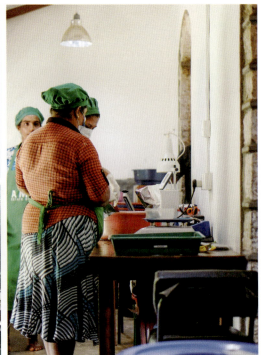

上／オーガニックプロダクトを販売。下／ティーセンター。でき上がった紅茶をパッキングしているところ。

　茶畑の見学やテイスティングが楽しめるアグリツーリズムは、日帰りだけでなく、ファームステイも可能です。100年以上も前に建てられた古い建物をセンスよく改築した部屋に泊まり、オーガニック野菜をふんだんに使った料理も楽しめます。気さくなスタッフたちとの会話やスタッフといっしょに料理をつくる時間もとても楽しいのです。

　この地域は、美しい自然に囲まれた一方で、スリランカで最も開発が遅れている地域のひとつでした。アンバ茶園のプロジェクトは、この地域に暮らす人々の生活を改善することと、経済的機会と環境回復のモデルとなることをめざしています。茶園で行われるすべての活動は、地域住民の生活水準の改善を目的としていて、美しい自然環境を保護しつつも観光客を呼び込み、付加価値の高い紅茶を開発して世界じゅうに輸出しています。ビジネスとして雇用を創出し、地域コミュニティーを活性化し、それで得た利益は地域の住民の英語教育や訪問医療などに還元しているのです。

　アンバ茶園の紅茶は、小規模でハンドメイドのため、大量生産はできませんが、働く人々は「ティーアーティスト」と呼ばれ、どの仕事もこなす紅茶のプロフェッショナルです。彼らは世界各国の紅茶の好みを理解し、製茶方法をそれに合わせて変えています。自発的に考えて行動し、責任をもって仕事にとり組んでいるのです。この活動は世界で評価され、今ではアフリカ・タンザニアの茶農家から招かれて紅茶づくりを指導したり、イギリスやドイツの紅茶会社より招聘されたり、また私たちも日本のイベントに招き、ともにセイロンティーのマーケットを広げています。

　経済、環境、社会性のトライアングルを見事に築き上げた新しい形態の茶園には、世界じゅうから注文が殺到し、手にするまで数カ月待ち。新しい潮流を感じる茶園です。

Uva
Aislaby Estate
エイスラビー茶園

標高	1191〜1218 m	
面積	463 ha	
気温	22 ℃	
雨量	1300 mm/年	
従業員	4344 人	

会社名　Malwatte Valley Plantations PLC
製法　　ローターベン＆リーフィー
年間生産量　800,000kgs/year
　　　　VP 19% / Seedling 81%
主な輸出国　ロシア、トルコ、イラン、中国、日本

強風から茶の木を守る、ウィンドベルトティーツリー。

カッチャンが吹き抜ける
ウバの名園

　ウバで有名な茶園のひとつ。ウバ地区に多くの茶園をもつマルワッタヴァレー社が運営しています。マルワッタのマルは「花」を、ワッタは「畑」を意味し、11〜17世紀まで「王様の花畑」だった土地です。バンダラウェラからは、車で北へ10分。質の高いウバ紅茶をつくり出すカッチャン (p.58参照) をキャッチできる茶園で、カッチャンから茶の木を守るため、風除けをつくらねばならないほど。樹齢約80年の茶の木を、ぎっしりと密集させて背を高く伸ばしているウィンドベルトティーツリーという場所があります。その高さは、約7〜8mにも。

　工場ではクオリティーシーズンのウバ紅茶をつくる時期のみ、ローターベン製法に変更します。紅茶をよりこまかくカットし、パンとはじけるように広がるメントール香を楽しむためです。そして必要不可欠なのは、一芯二葉のやわらかく良質な葉。今でも、プラッカーが手摘みし、葉を選り分けているからこそ、あの風味が引き出されるのです。

　現在はプラッカー不足のため、茶園がバスを用意して、家から茶畑までの足を確保しています。さらに、乾季には雨が降らず、生活のための水も不足するため、タンクローリーでコロンボから生活用水を運ぶことも。厳しい生活環境を伴うことも多いのですが、自然と向き合い、お互いを助け合いながら乗り越えているのです。

Dimbula

ディンブラ／දිඹුල／டிம் பூலா

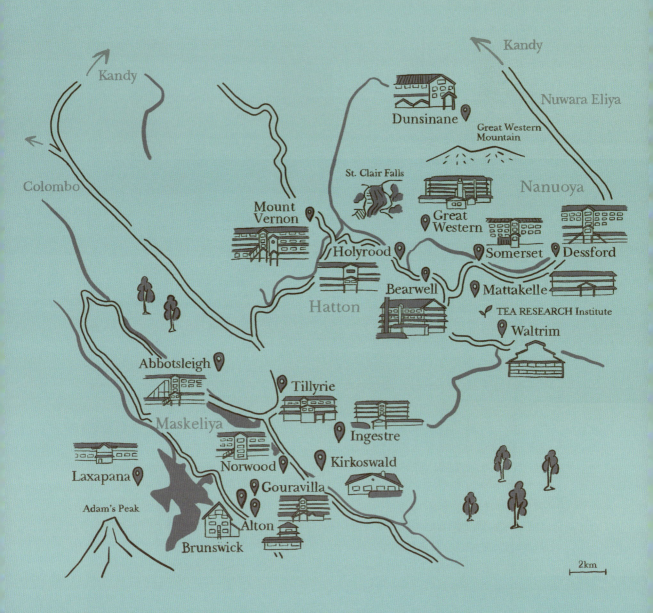

遠くに見えるのが紅茶列車。茶畑の壮大な眺めを楽しもう。

茶畑のなかを走り抜ける紅茶列車に乗って

　コロンボから東へ、アヴィッサウェラを経由して、車で4時間。山岳地帯の南西部の山を登ると、一面のディンブラ地区の茶畑が見えてきます。絶景の茶畑のなかを走る「紅茶列車」は、窓もドアも全開。涼しい風が心地よく紅茶ファンには列車の旅もおすすめです。

　ディンブラは標高1200m以上、ハイグロウン地域に位置し、寒すぎず暑すぎず、気持ちのよい日本の避暑地のようです。

　ディンブラの中心はハットンという町ですが、東はヌワラエリヤの最高峰ピドゥルタラーガラ、南は世界遺産のホートンプレインズ、西はアダムスピーク山に囲まれた盆地です。

　車で走ると見えてくる茶園には、エディンバラ（Edinburgh）、サマセット（Somerset）、セイント・アンドリュース（St. Andrews）など、イギリスの地名がつけられています。そもそもジャングルだったセイロンを開拓したのが、スコットランド人。遠い故郷に想いを馳せて、名づけたのかもしれません。

　また、政府機関の紅茶研究所（TRI：Tea Research Institute）もディンブラにあり、紅茶を研究する博士や専門家が、日々紅茶の研究にとり組んでいます。

雨が降っても茶摘みは続く。

ディンブラ紅茶の特徴

ウッディーなコクと
すっきりしたあと味

　セイロンティーの代表格。スリランカ人からも日本人からも圧倒的な人気を誇り、デイリーユースの紅茶として不動の人気No.1のディンブラ。濃い赤橙色(せきとうしょく)の水色(すいしょく)で、どっしりとした深いアロマとウッディーなコクがあり、すっきりとしたあと味。クオリティーシーズンに入ると、フラワリーな風味が少し加わる茶園もあり、最高品質に。シーズン中のディンブラは、以下の2つのタイプに分かれます。

Thick & Colory
しっかりと発酵させた、ストロングボディーの深みのある味わい。一年を通じて安定した品質を保ち、世界じゅうにファンをもちます。
マタケリー茶園、ラクサパーナ茶園、カーカスウォルド茶園、ベアウェル茶園、インジェストゥリ茶園、デスフォード茶園、ティルライ茶園、ブラウンズウィック茶園など

Light & Bright
一定の気象条件がそろったときに一部の茶園で生産される特別な紅茶。茶葉はパリパリした感触で水色(すいしょく)は明るめ、軽やかでフラワリーさが特徴です。
グレートウェスタン茶園、ウォルトリム茶園、サマセット茶園、ロイノルン茶園など

標高

ハイグロウン
1200m

クオリティーシーズン
12月〜3月

Taste　味

ウッディーなコクのあるボディーに、シャープですっきりとしたあと口。クオリティーシーズンはフラワリーな風味もプラスされます。

Tips 1
あまり神経質にならなくても大丈夫。いれ方が多少ぶれても、おいしくなる懐の深さがあります。ストレートティー、ミルクティー、アイスティー、チャイまで、こんなに使える茶葉って、ほかにはないかもしれません。

Tips 2

1杯目はストレートティーで。ティーポットに茶葉を入れたまま濃厚になったところで、2杯目はミルクティーにしましょう。ひとつのポットで2つの味わいが楽しめます。

Notes 01
日本でもスリランカでも一番人気

スリランカでは、「日本といえばウバですね」と言われますが、いやいや一番人気はディンブラです。セイロンティーの初めの一歩は、ディンブラを知ることから。スリランカ人も日本人も、ディンブラが一番好き。

Aroma 香り

ヒノキのような森林の香りと、少し深みのある香りは、まさに製茶しているときのかぐわしさです。その香りが、そのままティーカップへ。

Recommended Way to Drink おすすめの飲み方

・ストレートティー
・ミルクティー
・アイスティー

Dimbula

Brewing Tips ディンブラ紅茶のいれ方のコツ

Tips 3
濃厚に入れた茶液を、アイスティーはオンザロックスでキリッと。手軽に水出しアイスティーもおすすめです。100mLの水に茶葉を1gの割合でひと晩冷蔵室抽出で。

Tips 4
紅茶にハーブやスパイスを少し足す場合、茶葉の量を少し減らしてライトにするとバランスがよくなります。しっかりと紅茶感を残しつつ、ハーブやスパイスが香ります。

Tips 5
BOP（ブロークン・オレンジ・ペコー）が主流ですが、MITSUTEAではDust1グレードをミルクティー専用紅茶として紹介しています。ディンブラの芳醇な香りがしっかり残る、なめらかでまろやかなミルクティー。

Notes 02
Dust1は高級茶
パウダー状のこまかい茶葉のグレードDust1（ダストワン）。オークションでは、黒々とした外観、香りの広がり、抽出時間の短さから、BOPより高値で取り引きされる高級茶です。ミルクティーにすると、芳醇な香りでなめらかな仕上がりに。

Notes 03
お菓子作りにも使おう
Dust1グレードのディンブラは、お菓子作りにもぴったり。クッキーやシフォンケーキ、スコーンなどの生地に、そのままさらさらと入れてみましょう。でき上がりも、舌に茶葉が残らず、紅茶の風味が豊かなスイーツになります。

Dimbula +

さらに楽しむ組み合わせ

相手のよさを引き出しつつ、紅茶らしさも味わえる

FRUITS +

いちご

ロシアンティー風に、いちごジャムをなめながら紅茶を楽しんで。牛乳との相性抜群のディンブラは、いちごミルクティーもおすすめ。

パイナップル

オンザロックスのアイスティーにパイナップルを入れて、トロピカルなアレンジに。

グレープフルーツ

オンザロックスのアイスティーにグレープフルーツジュースを入れて、簡単アレンジティー。少し甘みをつけると、さわやかなほろ苦さが楽しめる。

レモン

レモンの輪切りと砂糖を少し入れてみると、これぞ王道のレモンティー。水出しアイスティーにレモンの皮を入れるだけで、簡単アイスレモンティーのでき上がり。

りんご

紅茶のコクとフレッシュなりんごの甘ずっぱさがおいしいアップルティーに。紅茶にりんごを入れて、しばらくおくと、どんどんフルーティーに。

オレンジ

コクのある紅茶に、濃厚なオレンジの甘い香りがぴったり。少し濃く入れたオンザロックスのアイスティーとオレンジジュースの組み合わせは、味も見た目もgood！

ALCO

リモンチェッロ

まるでレモンティーのよう。紅茶の味とレモンの風味のバランスがほどよくマッチ。アイスティーは水出し、または炭酸出しで。

ラム酒

コクのある紅茶に、ダークラム酒の香りがアクセントに。

アラック

深みのある紅茶の味のあとに、アラックの南国フルーツの甘い香りが漂う。

▶アレンジティーは4章で紹介

ローズマリー
カモミールやレモン系の香りのハーブのブレンドに少し足すと、きりっとした印象に。

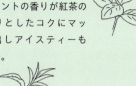
ペパーミント
爽快なミントの香りが紅茶のすっきりとしたコクにマッチ。水出しアイスティーもおすすめ。

ジャーマンカモミール
カモミールミルクティーもおすすめ。りんごのような香りがふわり。茶葉を多めにして、ミルクを少しプラス。

少し甘くすると、やさしいレモンティーのよう。

＋ HERB

＋ SPICE

セイロンシナモン
シナモンの甘い香りは、紅茶のコクにぴったり。ミルクティーにするなら、茶葉もシナモンも多めに。

カルダモン
紅茶らしいコクのある味わいに、カルダモンの爽快な香りが心地よい。

ジンジャー
ミルクティーやチャイに合わせるのがおすすめ。きび糖を少し入れると、さわやかでスパイシーなミルクティーに。

＋ ALCOHOL

梅酒
梅酒の甘ずっぱさは、紅茶のコクでマイルドに。梅の香りの余韻が続く。アイスティーなら、炭酸出しで。

焼酎
焼酎の少しクセのある香りはディンブラならではのコクと香りで、上品な飲み口に仕上がる。水出しアイスティーでも炭酸出しアイスティーでもおすすめ。

Dimbula

Dimbula
Great Western Estate
グレートウェスタン茶園

標高	1440 m	
面積	390 ha	
気温	5〜29 ℃	
雨量	2800 mm/年	
従業員	4290 人	

会社名	Talawakelle tea estates PLC
製法	ローターベン
年間生産量	750,000kgs/year VP 60% / Seedling 40%
主な輸出国	中東、ロシア、日本、イギリス

グレートウェスタン山が
天然のシェードツリーに

　標高2216mのグレートウェスタン山の麓にあります。スリランカに住んでいた2001年、私はこの茶園を訪れました。アポなしの突撃訪問でも多くの茶園はなかを見せてくれた時代でしたが、「きちんとアポをとってくるように」とシャットアウトされ、泣く泣く外へ。「ここから見るだけならいいかな」と窓から中をのぞくと、スタッフは衛生帽子や白衣を身にまとい、清潔感にあふれていたのを覚えています。

　茶の木は、日陰を好む植物。この茶園は、朝はグレートウェスタン山の陰となり、天然のシェイドツリーの代わりを果たしてくれるのです。ディンブラ地区でもトップクラスの広大な面積を誇る茶園のひとつですが、通常大きな茶

スペシャルティーのテイスティング風景。

園がVP（挿し木による繁殖）へどんどん移行していくなかで、グレートウェスタン茶園は40％以上が実生（seedling）。それぞれの茶の木の織りなす個性が、複雑な奥行きを出し、ユニークな特徴をもつのです。日本のマーケットでのシェアも多く、12月〜3月のクオリティーシーズンには多くの注文が入ります。製茶はローターベン製法で、シーズンオフはシック＆カラーリー（thick＆colory）でフルボディーのしっかりとしたコクがあり、ストレートでもミルクティーでも楽しめます。シーズン中は少しだけ発酵の時間を短くして、ライト＆ブライトに仕上げていきます。

　ディンブラ地区は、タラワケレ・ティーエステーツという会社が多くの名茶園（サマセット、マタケリー、ベアウェル、ホリールード、デスフォードなど）を傘下にもっていますが、そのなかでもオークションの平均値は最高値。10種のスペシャルティー（ティーコイン、ブルーミングティー：p.33参照）もつくっています。

上／曇天のなか、山腹に浮かぶ製茶工場。
下／一輪の花が咲いたようなブルーミングティー。

Dimbula
Laxapana Estate
ラクサパーナ茶園

標高	1309 m	
面積	521 ha	
気温	15 ℃	
雨量	3360 mm/年	
従業員	935人	

会社名	Maskeliya Plantations PLC
製法	ローターベン
年間生産量	700,000kgs/year
	VP 63% / Seedling 37%

アダムスピークから湧き出る清らかな水源を生かして

とんがり帽子のように天に突き出た山、アダムスピーク（シンハラ語名で「スリーパーダ」）。スリランカ人は、それぞれの宗教の聖なる場所としてその山を崇拝しています。

ディンブラの最西端にあるラクサパーナ茶園は、アダムスピークの麓にあります。歴史は古く、はっきりとした記録は残ってはいませんが、1830年頃にコーヒー栽培を始め、1870年頃にシンコナと茶の木の栽培を始めました。

この茶園のディンブラ紅茶は熟したフルーツのような甘みとコクが特徴で、クオリティーシーズンには、ジャスミンのようなフローラルさとコリアンダーのような柑橘系の風味のアクセントも楽しめます。

スリランカの茶畑は通常、隣の茶園の茶畑と接していますが、この茶園は山頂のぎりぎりまで茶畑。さらにその上には、手つかずのジャン

上／この茶畑の上は、ジャングルへとつながっている。
下／ティーカップに添えられた、フレッシュな茶の花。

グルが広がっています。

夜になると、豹や象、鹿などがジャングルから茶畑の境界線までやってくることも珍しくありません。なんとラクサパーナ茶園の茶畑の80％は、そのままジャングルへとつながっているのです。

土がとても肥えていて、アダムスピークから湧き出る清らかな水にも恵まれた、自然の力にあふれた茶園の地形。これこそが、おいしさの秘密なのかもしれません。

茶畑には150年以上も前の種から育てた実生（seedling）もあれば、質を追求するクローンもあり、バラエティー豊か。最近はハーブやスパイスの栽培も始めています。敷地内で育てたローズとカルダモンや、茶園で紅茶をブレンドしたピークラックス（Peak lax）という名前のスペシャルティーをはじめ、今後は茶園発の個性豊かなラインナップがふえていきそうです。

聖なる場所、アダムスピーク山（2238m）。

Kandy
キャンディー／මහනුවර／கண்டி

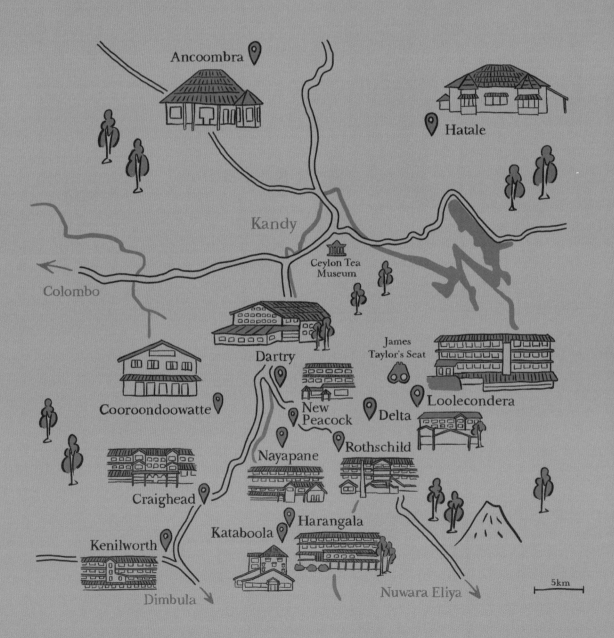

キャンディー紅茶の地理的表示マークには、キャンディー湖のまわりの石垣が描かれている。

町の喧騒と
厳かで静寂な祈り

　スリランカ第二の都市、島のほぼ中央に位置するキャンディー。シンハラ語で「山」を意味する「カンダ」が転じてキャンディーになりました。別名マハー・ヌワラ（大都市）とも呼ばれています。（スリランカの人はキャンディーのことを略して「ヌワラ」と呼ぶため、ヌワラエリヤと間違えないように）。

　コロンボから東へ、車で3時間。スリランカの中央にある山の中腹に位置する、シンハラ王朝最後の都です。マハウェリ川が悠々と流れ、町の中心にはキャンディー湖と、それをとり囲むように家々がすり鉢状に広がっています。

　近郊にはセイロンティーミュージアムがあり、スリランカの紅茶の父と呼ばれるジェームス・テーラーの遺品をはじめ、昔の製茶工場の機械や仕組みも見学できます。博物館の最上階にはティールームもあり、紅茶のテイスティングや茶葉の購入ができ、旬の紅茶が楽しめます。

　キャンディーには仏陀の犬歯を祀っていることで知られ、世界遺産にも登録されている仏歯寺があり、連日スリランカじゅうから仏教徒が参拝に訪れます。町の喧騒とは対照的に、仏歯寺に一歩入ると空気が一変、静寂と厳かな祈りの雰囲気に包まれます。

活気あふれるキャンディーのマーケット。

キャンディー紅茶の特徴

あんずのような
フルーティーな甘み

　セイロンティーの栽培が商業規模で始まった歴史ある地域で、標高600〜1200mのミディアムグロウンにあります。一年を通して雨が降るため、クオリティーシーズンはありません。日本では、「水色(すいしょく)が美しく、クセがなく、雑味や渋みも少ないマイルドな紅茶。アイスティーに向いている」といわれますが、スリランカ政府紅茶局では、「ストロングボディー」。茶園ではどの国をターゲットにして紅茶を輸出するかを念頭におきながら製茶するため、そのどちらも正しいのです。

　近年、一部の茶園が、オークションでディンブラの最高値を上回る、驚くほどの高値をつけるようになりました。茶葉に甘みをもたせたまま製茶し、軽やかで渋みが少ない味が人気の理由かもしれません。

　また、ほかの食材の個性を受け止め、バランスよくまとめます。フレッシュフルーツ、フレッシュハーブ、ドライフルーツ、ドライハーブ、スパイスや複数の食材をブレンドするときのベースとしてもおすすめです。

標高

クオリティーシーズン
なし

Taste　味

あんずのような、マーマレードを思わせるフルーティーな甘みがあります。渋みや雑味も少なく、冷めてもとろんとした甘みが残ります。

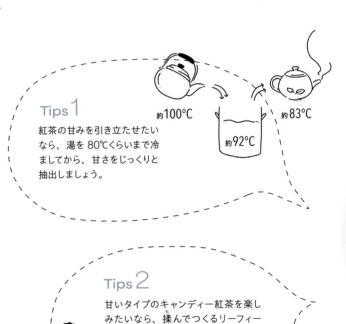

Tips 1
紅茶の甘みを引き立たせたいなら、湯を80℃くらいまで冷ましてから、甘さをじっくりと抽出しましょう。

Tips 2
甘いタイプのキャンディー紅茶を楽しみたいなら、揉んでつくるリーフィー製法の茶葉を使いましょう。ローターベン製法の紅茶は、ボディーが強いものが多いです。

Notes 01

オークションで高値で取り引きされるように

以前は増量用として使用されて、低迷していたキャンディー紅茶ですが、今ではすっかり様変わり。ティーオークションでトッププライスをとるような名園のものは、人気のディンブラ紅茶よりも高値で取り引きされるようになりました。

Aroma 香り

やわらかでやさしく穏やかな香り。熟したフルーツやドライイチジクのようなナチュラルで甘い香りが、ティーカップや茶殻からも楽しめます。

Recommended Way to Drink おすすめの飲み方

・ストレートティー
・アイスティー

Kandy

Brewing Tips キャンディー紅茶のいれ方のコツ

Tips 3
紅茶は飲むときの温度によって味や香りの感じ方が変わりますが、キャンディー紅茶は渋みが少なく、透明感のある甘みが残るので、仕事中や家事の合間など長い時間楽しむティータイムにおすすめです。

Tips 4
複数のフレッシュな果物を使うフルーツティーや、複数のハーブやスパイスをブレンドするときのベースの紅茶としておすすめ。特徴ある食材を上手にまとめる力があります。

Tips 5
ストレートティーに、マーマレードジャムときび糖を少し入れてみましょう。手軽にオレンジの香りが際立つ、マーマレードティーに。

Notes 02
キャンディーCTC紅茶とは？

CTC工場は、ディンブラやウバ、サバラガムワ、ルフナなどにありますが、キャンディーにも多数あります。主にストレートのティーバッグ用として中東向けにつくられていますが、濃厚にいれてミルクで割ると麦芽風味のミルクティーに。

Notes 03
セイロンティーの始まりの場所

セイロンティーの父、ジェームス・テーラーが栽培を始めたのが、キャンディー郊外にあるルーラコンデラ茶園でした。彼がいたから、今のセイロンティーがあるのです。テーラーズシートに座り、彼が愛した景色を眺めてみませんか。

Kandy +

さらに楽しむ組み合わせ

やさしいフルーティーな甘みがさまざまな食材をまとめてくれる

いちご
いちごの甘ずっぱさが引き立ち、紅茶はそっと寄り添う。

パイナップル
パイナップルやいろいろなフルーツとともにフルーツティーで。ドライフルーツを使うと、濃厚な甘みが紅茶とともに味わえる。

りんご
りんごが主役のアップルティー。いちごやオレンジを加えたフルーツティーは、時間をかけてゆっくり楽しんで。フルーツの甘みで紅茶がどんどんフルーティーに (p.161参照)。

桃
桃のとろけるような上品な甘みが、やさしい紅茶の味わいに広がる。桃はコンポートにしてシロップもいっしょに。

金柑
金柑のコンポートを入れて。金柑の甘ずっぱさとほろ苦さは、やさしい紅茶の風味でほっとする味わいに。

FRUITS +

+ ALCOHOL

ブランデー
紅茶のフルーティーさとブランデーの芳醇な香りが調和。

ラム酒
穏やかな紅茶の風味が、ダークラム酒の芳醇な香りを引き立てる。

アラック
紅茶の軽やかな風味のあとに、アラックの南国フルーツの甘みの余韻を感じる。

▶アレンジティーは4章で紹介

Kandy

レモンバーベナ

やさしい紅茶の味わいがレモンのような香りを上品に引き出す。食後のリラックスタイムにぴったり。

ジャーマンカモミール

カモミールの香りが広がり、ほっとする。カモミールが苦手なかたは、レモンバーベナを少し足すと、甘みとさわやかさに癒やされるはず。

+ HERB

エルダーフラワー

さわやかなマスカット風の香りがふわっと感じられる。

+ SPICE

コリアンダー

乾煎りしたコリアンダーを合わせると、柑橘系の香りから一転、香ばしい紅茶になる。

クローブ

クローブの甘みがやさしく広がるスパイスティー。

ジンジャー

しょうがの香りと辛みを味わうスパイスティー。やわらかな甘みのある紅茶は控えめにそっと寄り添って。

Kandy
Nayapane Tea Estate
ナヤパーナ茶園

標高	900〜1200 m	
面積	568 ha	
気温	20〜30 ℃	
雨量	3098 mm/年	
従業員	2876 人	

会社名	Elpitiya Plantations PLC
製法	リーフィー
年間生産量	600,000kgs/year
	VP 98% / Seedling 2%
主な輸出国	中東、ロシア、中国、日本
契約農家	350

晴れても雨が降っても
クリーンなエネルギーで紅茶づくり

　キャンディーからヌワラエリヤへ向かう途中、メイン道路の近くにあるのが、ナヤパーナ茶園。迎えに来てくれたマネジャーが、初めに案内してくれたのは、この茶園一番のビュースポットでした。「ここで僕たちは水力発電をしているんだ」と言って、彼は遠くに見える川を指さしました。しかもこれだけではありません。製茶工場の屋根には、ソーラーパネルがずらりと並びます。雨が降れば水力発電、晴れの日が続けばソーラー発電。どちらでも電力がつくれるシステムです。

　製茶工場だけではつくり出すエネルギーの25％しか消費しておらず、グループ全体の電力もこれで充分まかなえるそうです。

甘みたっぷり。できたての紅茶をテイスティング。

上／いちばんのビュースポット。茶畑のパノラマビュー。
下／バンガローでマネジャー自らいれてくれた紅茶。

　1998年、スリランカ国内でISOスタンダードを最初に取得した製茶工場に認定されました。衛生面もとても厳しく管理しており、オークションでも最高値をたびたび更新。世界じゅうから認められる紅茶をつくっています。

　「紅茶は農産物だけど、どんなときでもクオリティーを維持できるのがプロの仕事」と言い切ります。だからこそ、各国の大手企業からの指名買いが多いのかもしれません。

　今、茶園の仕事は紅茶をつくるだけではなくなってきていて、ナヤパーナ茶園でもストロベリーやブルーベリーなどの栽培を始めました。これからは環境を守りながらエネルギーをつくったり、ほかの作物の栽培にトライしたりと、やるべきことがたくさんあります。

　「子どもたちにはたくさんの可能性があります。しっかり学び、また茶園に戻ってきて、ともに改革を推し進めてほしい」

　子どもたちが戻ってきたくなる茶園をめざそうとしていることが印象的でした。

Kandy
Craighead Estate
クレイグヘッド茶園

標高	560〜1150 m	
面積	679 ha	
気温	18〜33 ℃	
雨量	3806 mm/年	
従業員	2328人	

会社名	Kahawatte Plantations PLC
製法	リーフィー
年間生産量	550,000kgs/year
	VP 63% / Seedling 37%
主な輸出国	中東、ロシア、中国、日本

世界が認めた品質。
甘みのある紅茶

　キャンディーの名園は、古都キャンディーの町から南へと、山の斜面を駆け上がる場所に集中しています。毎週のe-オークションでもたびたびトッププライスをマークする、クレイグヘッド茶園もそのひとつ。標高1150m、東はガンポラ渓谷、西はドロスベッジ、南はアダムスピークに囲まれている自然豊かな場所です。クレイグヘッドの茶畑は、太陽がたっぷり降り注ぐ開けた山の上、風の通り道にあります。ミディアムグロウンの比較的過ごしやすい場所にもかかわらず、最近は気候変動で気温が33℃くらいになることもあるようですが、そんなときはこの吹き抜ける風がクールダウンの役割をして、比較的涼しく感じられます。

　現在80％はクレイグヘッドの茶畑から収穫していますが、20％は外部から生葉の持ち込

上／テイスティングのときに使われる天秤。
下／できたての紅茶の新茶を味わう。

みとなっています。ただ、小規模の個人農園ではなく、工場を持っていない比較的大きな茶園からのみ受け入れているため、一芯二葉のやわらかな葉っぱのみ摘むという、おいしい紅茶をつくるには欠かせない茶摘みルールも徹底されているのです。クレイグヘッドの紅茶は、透明感のあるライトな水色で、渋みが少なく、まろやか。そして何よりも甘い！　渋みが少ないと、少しお湯っぽく感じる紅茶も多いのですが、この茶園は甘みと旨みがギュギュギュッと凝縮しているような濃密さなのです。「僕たちは毎日つくっているよ、こういう紅茶」とにこり。

　テイスティングルームには、数えきれないほどのトロフィー！　マーケットは日本、中国、中東、ロシアがメインということですが、スリランカ最大手の紅茶メーカーもこの茶園を指名買いしているとのこと。その品質の高さは、国内外で認められているのです。

国内外から評価が高く、トロフィーも。

Sabaragamuwa

サバラガムワ／සබරගමුව／சபராகமுவா

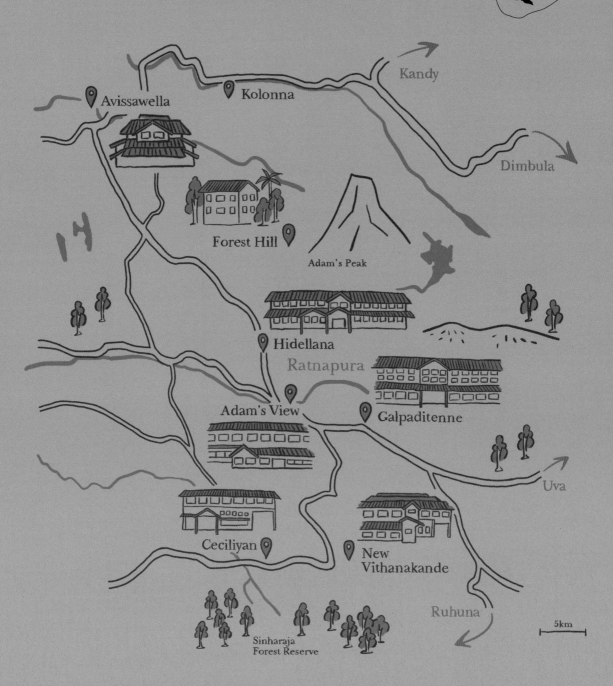

町のすぐ向こうに、シンハラージャ森林保護区が見える。

シンハラージャ森林保護区の肥沃な大地を生かして

　コロンボから南東へ高速道路で約1時間、スリランカ南部に広がるロウグロウン地域に到着します。以前、スリランカは5大産地に分かれていましたが、ウダプッセラワ産地ができ、そのあと広大なルフナ地域を北と南に分け、北部をサバラガムワと呼ぶようになりました。サバラガムワ州の境界線がそのまま紅茶の産地の境界線となっていて、7大産地のなかでも、最も広い面積を誇ります。

　北はキャンディーに接し、中央北部には標高約1000m級の崖が迫る観光名所「ワールズエンド」(世界の果て)があります。垂直に落ち込む崖の高さは約870m。息をのむような絶景が広がり、晴れた日には遠くインド洋まで見わたすことができます。東はウバに接し、南のルフナとの境には世界遺産の「シンハラージャ森林保護区」が広がります。シンハラージャは「ライオンの王国」という意味。多くの固有種が生息する自然愛好家にとって必見のスポットで、肥沃な大地が広がっています。中心都市ラトゥナプラは、宝石の都としても有名。日本の真夏のように湿度と気温が高く、一日のなかでもコロコロと天候が変わります。スコールのような激しい雨がザッと降ることも多々あります。

朝、茶園のなかを元気に登校する子どもたち。

サバラガムワ紅茶の特徴

はちみつのような甘みとコク

　ロウグロウン地域の紅茶は品質が高くないのでは？と思うかたもいるかもしれません。標高が高く、寒暖差が激しく、霧がかかるような場所でおいしい紅茶ができる、という話をよく耳にするからです。しかし、スリランカで生産される紅茶の62%はロウグロウン地域産で、オークションの平均値も最高値がロウグロウン！セイロンティーをリードしているのは、実はロウグロウンの紅茶なのです。

　その多くは、ロシアと中東に輸出されているため、日本ではまだあまり知られていませんが、MITSUTEAでスリランカ7大産地の紅茶をテイスティングしたお客さまのなかで、最も人気が高いのがサバラガムワです。飲むと熱烈なファンになる紅茶なのです。

　特徴は、はちみつに包まれたような甘みとコク。キャンディーはフルーティーなやさしい甘さ。サバラガムワは甘みに紅茶のボディーがしっかり加わった、スイートポテトのようなほっこりした紅茶です。

標高

ロウグロウン 600m

クオリティーシーズン
なし

Taste　味

渋みが少なく、はちみつに包まれたような甘みとコクが印象的です。ほっこりとした深みと、とろみのある甘み。

Tips 1

茶葉をたっぷり使い、香りを立たせましょう。蒸らし時間は甘みとコクが出る時間をねらい、ベストタイムで茶葉をすべてこします。ティーカップから立ち上る香りまで甘いです。

Tips 2

茶葉の量や熱湯の量が多少ぶれても大丈夫。日本の水道水とも相性がよく、先に甘みとコクが抽出されます。蒸らし時間だけしっかりケアすれば、簡単においしくいれられます。

Notes 01

自然の恵みをたっぷりと享受

スリランカ南西部に広がる広大なエリアです。熱帯の気候で、強すぎるほどの太陽の日ざし、毎日のように降るスコール、そしてシンハラージャ森林保護区の肥沃な大地のおかげで、茶の木は健やかに成長します。

Aroma 香り

奥行きのある、深くて甘いスイートポテトのような香り。熱湯を注いだ瞬間から、甘いアロマが立ち上ります。

Recommended Way to Drink おすすめの飲み方

・ストレートティー
・アイスティー

Brewing Tips

サバラガムワ紅茶のいれ方のコツ

Tips 3

水出しアイスティーとしてもおすすめ。100mLの水に対して1gの茶葉を入れて冷蔵室でひと晩抽出します。翌朝、飲みごたえのある香ばしいアイスティーができ上がります。

Tips 4

ハイビスカスやローズレッド、クローブ、ジンジャーなど、味わいがしっかりとした個性豊かなハーブやスパイスとの相性も抜群。それぞれの特徴を上手にまとめてくれます。

Tips 5

冷めても濃厚で深みのある甘みとコクがそのまま残り、おいしい。舌に残るようなえぐみや渋みはあまり感じられません。

Notes 02
ロシアや中東で人気です

黒々とした外観で、細くよじれた茶葉の需要が高く、ロシアや中東に人気の紅茶です。イスラム圏の国も多く、アルコールを飲まない人たちは、スリランカのロウグロウンの紅茶にたっぷりと砂糖を入れ、一日じゅう紅茶を楽しみます。

Notes 03
小規模の個人農家の庭で栽培しています

標高の高いエリアに多いプランテーションとは対照的に、ロウグロウンは小規模農園がほとんどで、茶の木はほぼ生産性の高いVP。紅茶の生産量アップをあと押しする政府のサポートもあり、あとからできた産地です。

Sabaragamuwa +

さらに楽しむ組み合わせ
はちみつのようなコクのある甘みがいろいろな味わいにハマる

いちご
いちごやベリー系の甘ずっぱい味わいと紅茶のコクと甘みが重なり、リッチな味わいに。いちごには少しグラニュー糖をかけるのがおすすめ。ゆっくり楽しむうちに、いちごの風味が、紅茶に移っていく。

ぶどう（巨峰系）
ふどうの甘い香りが、紅茶の濃厚な甘みとコクのある味わいにぴったり。砂糖とワインを少し入れると、秋を感じるフルーツティーに。

オレンジ
オレンジの濃厚な甘ずっぱい香りと紅茶の甘い風味がぴったり。好みで、砂糖を少し足して。オレンジの香りを移したら、酸味が出ないうちに引き上げるとよい。

パイナップル
パイナップルの濃厚な甘みを楽しみつつ、紅茶らしさも楽しめる。

FRUITS +

+ ALCOHOL

ブランデー
紅茶のコクと甘みのあと、ブランデーの芳醇さが広がる。

アラック
紅茶のはちみつのような風味が、アラックの香りを引き立てる。

▶アレンジティーは4章で紹介

Sabaragamuwa

ローズレッド

ひと口飲むと、華やかなローズの香りと紅茶のコクが広がる。さらに、セイロンシナモンをプラスすると、クリスマスティーに。

ハイビスカス

ハイビスカスの酸味を紅茶の甘みがほどよく調節してくれる。ほんのりと赤色がかった色も素敵。

+ HERB

+ SPICE

クローブ

セイロンシナモンといっしょにいれて、スパイスティーで楽しんで。甘みのある紅茶に深みが増します。

セイロンシナモン

セイロンシナモンの甘い香りと紅茶の甘くコクのある風味を楽しめるシナモンティー。

ジンジャー

しょうがの辛みと紅茶の甘みとコクのバランスがぴったり。はちみつや柚子茶で甘みをつけるのもおすすめ。

コリアンダー

乾煎りしたコリアンダーを合わせると、ほうじ茶のような紅茶になる。食後のほっとするひとときに。

Sabaragamuwa
New Vithanakande Tea Factory
ニュービタナカンダティーファクトリー

標高	212 m	
面積	25 ha	
気温	25〜28℃	
雨量	5115 mm/年	
従業員	200人	

会社名	New Vithanakande Tea Factory Pvt Ltd
製法	リーフィー
年間生産量	1,566,024kgs/year
	VP100% / Seedling 0%
主な輸出国	中東、アメリカ、日本、イギリス、フランス
契約農家	6285

心地よい
そよ風に吹かれながら

　セイロンティーのファンなら、ニュービタナカンダの名前を聞いたことがあるかもしれません。サバラガムワにあり、茶葉にはちみつのような甘みとコクがあり、渋みが少ないテイストは日本でもファンがふえています。
「日本からのお客さまがほんとうに多いんですよ！　大歓迎です」と、CEOのパトリックが出迎えてくれました。こちらのティーファクトリー、なんと80％は日本向けに輸出しているそうで、日本人をターゲットとしたマーケティングを展開しています。
　テイスティングルームの大きな窓からは、シンハラージャの森が間近に見えました。ジャングルがすぐそばにある肥沃な土壌で、雨量の多いエリア。葉の育ちもよく、葉に厚みがあり、栄養がたっぷりといきわたっているようです。
「この茶園を支えるのは、地域の住民たち。品質を見る目が厳しい日本への輸出を想定して紅茶づくりをするには、茶生産農家へのサポートが必要です。移送中のダメージを避けるため、遠方からは葉を買いません。近隣のかたたちが工場で働き、地域とともに育つ茶園。ともに助け合う大切な仲間なのです」

でき上がりの紅茶をチェック。

上/シンハラージャの森が見えるテイスティングルーム。
下/フレッシュな空気をとり込む工夫が行き届いている。

　ここは、地形的に常にやわらかい風が吹く風の通り道。通常、萎凋の工程では、12時間前後ファンの風で水分を抜きますが、この工場の萎凋室は、外からのフレッシュな空気だけをとり込む構造になっています。工場内の温まった風ではなく、フレッシュな風なのです。この茶園はどこにいても、やさしくて心地いいそよ風を感じます。ふと見ると、やわらかな風が必要なシルバーティップスを5日間かけて、ゆっくりとていねいにつくっていました。

Sabaragamuwa
Forest Hill
フォレストヒル

標高	540 m	
面積	40 ha	
気温	23〜27℃	
雨量	4000〜5000mm/年	
従業員	12人	

会社名	Forest Hill Artisan Tea Co.
製法	ハンドクラフト　アーティザンティー
年間生産量	1,800〜2,000kgs/year
	VP 100%（契約農家）、seedling（ワイルドティー）
主な輸出国	アメリカ、イギリス、オーストラリア、オランダ、タイ、オーストリア
契約農家	150

100年以上前に英国人が放棄し、野生化した茶の木から

「やっと会えたね」

フォレストヒルのディレクター・ブディカとは、何度もオンラインでやりとりしていましたが、この日が初対面でした。

彼がウバ、キャンディー、ディンブラの茶園で働いているうちに、あるときふと思い出したのが、幼少期に訪れた母の実家近くにあったジャングル。そのなかには、伸び放題の茶の木がありました。そこはサバラガムワ地区のアダムスピークの麓に位置し、100年以上前にイギリス人が放棄した、地元では知る人ぞ知る茶畑でした。このジャングルを残しつつ、貴重な茶の木を生かす方法はないかと模索するなかで誕生したのが、ハンドクラフトでつくる「アー

イギリス人が放棄したジャングルのなかで、野生化した茶の木に登り、茶摘みをする様子。

ティザンティー」だったのです。

彼はジャングルで野生化して10mもの高さに育った茶の木に登って、茶摘みをしました。それを、ワイルドティーとして紹介(p.32参照)したのです。手つかずのジャングルのなかの栄養たっぷりの土壌で、ストレスフリーで育った茶の木からのみ少量を手摘みしています。製茶工場から往復3時間かかるこの場所へ行っても、たった4kgの生葉しかとれません。紅茶に仕上げると、たったの1kg。しかし、それでよいのだそうです。

彼が望むのは、ジャングルの生態系を保存すること。「ジャングルに入っても、自分たちが残すのは足跡だけさ」。そう言って笑います。木登りする前に祈りを捧げる姿が、とても印象的でした。

また、雇用創出や女性の社会進出など、地域の活性化も大きな目標のひとつ。フォレストヒル周辺に住む人たちを巻き込み、各家庭の庭にTRI2043という品種の茶の木を導入し、そこ

上/アダムスピークの麓のジャングル。
下/ティーアーティストが工芸茶をつくる様子。

から摘まれた葉から芯芽だけを手摘みし、乾燥させたシルバーティップスをつくっています。

このシルバーティップス用に摘んだ芯芽の下の二葉を使い、ジャングルに自生するワイルドシナモンやワイルドカルダモンをブレンドしたオリジナル紅茶「ワイルドシナモンティー」や「ワイルドカルダモンティー」は、ジャングルとフォレストヒル地域を結ぶブレンドティーとして誕生しました。

高め、ユニークな紅茶づくりにとり組んでいるのです。通常の大規模な製茶工場では多くの機械が導入されていて、労働者は少ないのですが、フォレストヒルでは生葉の量が少ないため、小さな製茶機械で充分です。これらの機械もスリランカで手に入る材料を使って、自分たちで工夫して改良しています。多くの人々が集まり、紅茶づくりの職人技を楽しそうに披露している姿が印象的でした。

ジャングルを守りつつ、地域の人々を紅茶で結びつける。ジャングル内には、まだ手つかずの約6000本の野生の茶の木が残されていて、そのうちの約150本から紅茶を摘んでいるそうです。この地域にはまだまだ大きなポテンシャルがあります。

ブディカは目先の利益ではなく、将来を見据えています。ジャングルの保護と地域社会の発展をめざす、揺るがない信念がそこにはあるのです。そして、その信念がこの紅茶の味わいに深く刻み込まれているのです。

上/TRI2043という品種のシルバーティップス用の茶樹。
下/芯芽だけを手摘みして乾燥させたシルバーティップス。

そのほか、一芯二葉を手作業で束にした、ナチュラルティーバッグとしても使える「ティーロッド」（p.32参照）や、レモンやライムを搾ると水色（すいしょく）がピンクに変わるアントシアニンをたっぷり含む茶葉からつくる「ピンクグリーンティー」なども手がけています。

フォレストヒルは、持続可能な茶園の模範となって、地域との共存を推進しています。従来とは異なる方法で商品を差別化し、付加価値を

ディレクターのブディカ(左)と、プロダクションマネジャーのサマン(右)。穏やかな笑顔に、誠実さがにじむ。

Sabaragamuwa　フォレストヒル

Sabaragamuwa
Ceciliyan Estate
セシリヤン茶園

標高	262m	
面積	54 ha	
気温	28 ℃	
雨量	3700 mm/年	
従業員	600 人	

会社名	Ceciliyan Associates Pvt Ltd
製法	リーフィー、CTC
年間生産量	3,800,000kgs/year
	VP 100% / Seedling0%
契約農家	10500

ロウグロウン地域は日中は厳しい暑さになるため、早朝の6時30分から茶摘みが始まり、14時30分には終わる。

CTC紅茶のミルクティーはまるでカフェオレ！

　世界遺産のシンハラージャ森林保護区に隣接する美しい山岳地帯、カラワナという小さな町に位置するセシリヤン茶園。「セシリヤン」という名前は、1920年代初めにオーナーの奥さまの名前をそのままつけたそうです。

　リーフィー製法とCTC製法、毎日同時に製茶している巨大なプライベートカンパニーで、この10年、年間紅茶生産量は毎年3000tを超え、ついに3800tを突破、スリランカ最大規模の製茶工場となりました。全生産量の1.5%がセシリヤン茶園産となるのです。

　夜には、絶え間なくトラックが工場へやってきます。荷台には10500もの契約農家で摘まれた生葉が満載。約40tの生葉が、たったの一日でこの工場に集まるのです。

　質も非常に高く、ティーオークションでトッププライスを毎週マークする常連。なかでも特に注目なのが、CTC紅茶。通常、CTC紅茶はリーフィー製法でつくるよりも、香りは弱くなりがちなのですが、「ちょっと焦がしぎみに強めで」とリクエストすると、強烈な香ばしい香りを放つように仕上げてくれるのです。

　茶葉多めでしっかりと長めに蒸らし、超濃厚な紅茶をいれましょう。茶葉をこしながらたっぷりのミルクに注ぐと、香ばしい香りはそのまま残り、カフェオレのような濃厚なミルクティーを楽しむことができます。

Ruhuna
ルフナ / රුහුණ / ரூஹுனா

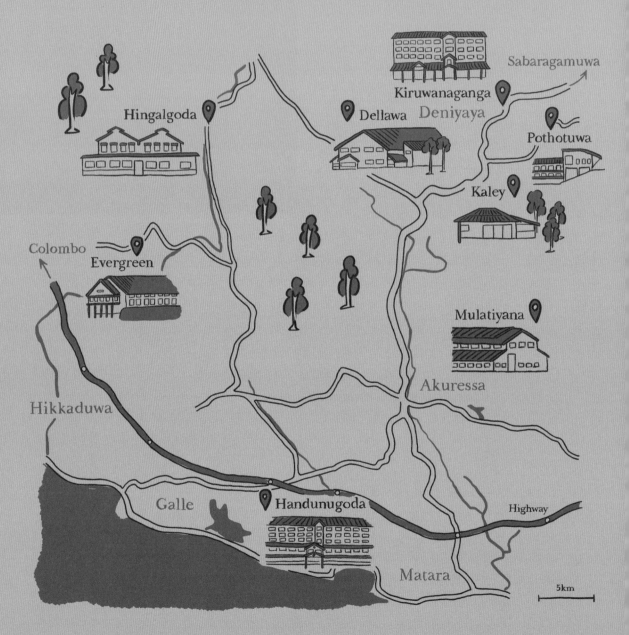

椰子の木が生い茂る、ルフナの街角の個人商店。カレーの材料やお菓子、ドリンクなどを販売。

南国を満喫！
海岸沿いのリゾートエリア

　スリランカで最も標高が低く、海に最も近い紅茶の産地であるルフナ。スリランカ南西部の海岸沿いは世界的に有名なリゾート地として知られ、5つ星クラスのホテルが点在しています。トロピカル・モダニズム建築の巨匠ジェフリー・バワのホテルを巡るツアーも人気で、体質改善を目的としたアーユルヴェーダ施設は、長期療養を希望する人々でいつも賑わっています。また、よい波が来ると評判のサーフィンスポット、ヒッカドゥワも人気です。

　コロンボと南部の海岸沿いの町、ゴールを結ぶゴールロードは、海岸線にぴったり寄り添うように走っているので、景色は最高！　内陸に高速道路ができてからはアクセスがとてもよくなり、コロンボから日帰りで気軽にリゾート地を楽しむことができるようになりました。

　ゴールの旧市街とその要塞は世界遺産に登録されていて、旧市街にはおしゃれなカフェや雑貨店が密集しており、散歩するにも楽しい町となっています。でも、このエリアは日本の真夏が一年じゅう続くような暑さで、ときにはフライパンの上を歩いているような感覚になることも。海岸沿いから内陸に少し入ったところに、紅茶の産地は広がっています。

おしゃれなショップが建ち並ぶ、ゴールの旧市街。

ルフナ紅茶の特徴

ほろ苦くも甘く、香ばしい余韻

　製茶工場が建ち並ぶロウグロウン地域には、茶畑をもっている工場は少なく、個人から生葉を買い上げるという小規模農園（p.19参照）が主流です。夕方になると、道路脇に摘んだばかりの生葉をたっぷり入れた袋がおかれ、回収のトラックを待っている人たちを見かけます。

　ルフナ紅茶の多くはサバラガムワと同じく、ロシアと中東に輸出されます。ほとんどはリーフィー製法で、毎日約20種類前後のグレードの紅茶をつくっています。茶葉の外観は黒々として、水色(すいしょく)は深い赤銅色。味はフルボディーで濃厚ですが、渋みやえぐみは少なく、深みのある赤ワインのような、ラズベリージャムのような味わい。カラメルのような香ばしさも感じます。飲んだあと、ほろ苦さの余韻に包まれていくようでおすすめです。

　この大人ビターなテイストは、アメリカンコーヒーを飲んだあとに似ているので、コーヒー好きのリピーターが多いそう。ミルクを入れると、香ばしさがさらに際立ちます。

標高

クオリティーシーズン

なし

Taste　味

フルボディーで濃厚。渋みが少なく、アメリカンコーヒーを飲んだあとのような、ほろ苦さの余韻とほのかに黒糖のような甘みも感じられます。

Tips 1

ストレートで楽しむなら、香ばしさプラス、少しだけほろ苦いタイミングで蒸らし時間を切り上げましょう。濃くなったら、ミルクを入れても楽しめるタイプの茶葉です。

Tips 2

ストレートティーに、少しだけ砂糖を入れてみて。甘くなるというより、紅茶の特徴であるほろ苦さがぐんと際立ちます。ふだんは砂糖を入れないかたもぜひ。

Notes 01
ロウグロウンでも山のなか

ルフナの名園は、デニヤヤという町に多くあります。サバラガムワとの境界線の近くで、こちらもシンハラージャ森林保護区のすぐ近く。ロウグロウンに分類されていますが、平原ではなく、起伏の激しい山間部です。

Aroma 香り

ふくよかで深みのある、赤ワインのように熟成したアロマです。ラズベリージャムのように甘く濃蜜で、焦がしカラメルのような香ばしさも。

Recommended Way to Drink おすすめの飲み方

・ストレートティー
・ミルクティー
・アイスティー

Brewing Tips ルフナ紅茶のいれ方のコツ

Tips 3

最初からミルクティーを楽しみたい場合は、茶葉をストレートの2倍使いましょう。ほかの茶葉とはひと味違うテイストの、大人ビターテイストのミルクティーが楽しめます。

Tips 4

夏はぜひアイスティーで！ 濃厚に抽出して、氷の入ったグラスに注ぐオンザロックス(p.134参照)でいれると、茶葉がもつ甘香ばしい特徴がそのまま再現できます。

Tips 5

赤ワインとスパイスといっしょに煮込んでもおいしい！ フルーツを赤ワイン煮にして、シロップごと紅茶に入れても美味。いずれも、グラニュー糖で甘みをつけるのがポイントです。

Notes 02
庭で栽培しているのは茶の木だけではない！

小規模農園の多くは兼業農家です。週に一度、茶摘みのアルバイトを雇ったり、引退した老夫婦が茶摘みしたり。庭には茶の木だけではなく、毎日のカレーに使うココナッツの木や、フルーツ、ハーブ、スパイスの木などもたくさん。

Notes 03
摘んだ葉は工場に販売します

摘んだ生葉は契約している製茶工場に販売します。製茶されたあと、毎週e-オークション(p.120参照)にかけられます。落札された価格が高いほど生葉の買取価格も上がるので、どの工場と契約するかもポイントのひとつ。

Ruhuna +

さらに楽しむ組み合わせ

スパイスのクセのある香りをうまく支える香ばしさとコク

りんご

りんごの赤ワイン煮を、コクのある香ばしい紅茶が包む。スパイスを入れて、クリスマスにも。りんごや巨峰は赤ワインとグラニュー糖で軽く煮込んでおく。

巨峰

巨峰の赤ワイン煮と、紅茶の深みのある味わいは相性抜群。ワインのシロップも入れて、ちょっぴり大人の紅茶はいかが。

ラム酒

ダークラム酒のレーズン風味が、紅茶のほのかな黒糖を感じる甘みに重なり、深みのある味わいに。秋の夜長のティータイムにぴったり。

赤ワイン

ボディー感のある紅茶に、赤ワインの熟したフルーティーな味わいが印象的。きび糖を加えるのがおすすめ。冬に飲みたいティーカクテル。

ブランデー

ブランデーのオーク樽の香りとルフナの香ばしさは、重厚な味わいを醸し出す。

▶アレンジティーは4章で紹介

ローズレッド

紅茶の甘く香ばしい香りとコクが、ローズの香りをいっそう華やかに。セイロンシナモンとブレンドするとクリスマスの気分に。

ハイビスカス

黒糖のような甘く香ばしい味わいが、酸味の強いハイビスカスとうまく調和。奥行きのある味に、心地よい酸味が楽しめる。

+ HERB

+ SPICE

セイロンシナモン

シナモンの甘い香りが紅茶のコクと重なり、飲んだあとも甘くて香ばしい余韻が続く。

クローブ

クローブの独特な甘い香りが、紅茶の甘香ばしい味わいにぴったり。セイロンシナモンとともに、クリスマスの定番「モルドワインティー」(p.179参照)にも欠かせない。

スターアニス

スターアニスの独特な甘い香りは、紅茶と合わせると奥行きが出て、オリエンタルな味わいに。

Ruhuna
Pothotuwa Tea Factory
ポトツワティーファクトリー

標高	482 m	
面積	茶畑なし	
気温	25〜35℃	
雨量	—	
従業員	—	

会社名	Pothotuwa Tea Company Private Limited
製法	リーフィー
年間生産量	1,080,000kgs/year
	VP100% / Seedling 0%
主な輸出国	—
契約農家	3000

レーズンのような
熟した甘みと香ばしさ

　スリランカの製茶工場の建物はどこも似たり寄ったりですが、ポトツワティーファクトリーはひときわ目を引きます。工場に併設されているオフィスは、バワ建築のようなかっこよさです。その美しさに見とれていると、契約農家が茶摘みしたばかりの生葉を工場に持ち込んできました。バイクや車、自転車が続々と到着、生葉の重さをチェックしたあと、それぞれが萎凋室のトラフ(萎凋棚)の上に生葉を広げていきます。摘んだばかりの葉はすぐに発酵が始まってしまうため、ダメージを受ける前に製茶をスタートしたいそう。回収トラックを待つよりも、できるだけ早く持ってきてもらうため、工場は常に受け入れの準備をしています。一日に15,000kgもの生葉を受け入れるキャパシティーがあるほど大きいにもかかわらず、茶葉ひとつ床に落ちていません。工場で働く人は常にほうきを持ち、清潔に保っているのです。

　紅茶はルフナらしく黒々とした外観で、レーズンのような熟した甘みと、ほんのちょっぴりのほろ苦さが口のなかで反響します。「最後に紅茶でもどうですか」と誘われたティータイムに出てきたのは、とびきり甘香ばしいポトツワの絶品紅茶と、ティーバンではないですか！

上/焼きたてのティーバン。紅茶とともにティータイム。
下/仕事の合間にほっとひといき。おしゃべりもはずむ。

荒茶を広げて、温度を下げているところ。

　ティーバンは、ティーとありますが紅茶は入っていません。紅茶のおともとして定番のシンプルな丸いパンのこと。「ここで焼いているんですよ。焼きたてなんです」。15時の休憩時間、工場で働いている人たちが続々と集まってきました。休憩室には従業員のマグカップもずらり。一日3回もあるティータイムに、従業員のために焼かれる、ティーバンと紅茶。なんて充実しているんでしょう。従業員を大切に想う姿が印象的な茶園です。

Ruhuna
Kaley Tea
キャレイティー

標高	268 m	
面積	20 ha	
気温	18〜36 ℃	
雨量	2893 mm/年	
従業員	50 人	

会社名	KALEY NATURAL FARMS (PVT) LTD.
製法	ハンドメイド、オーガニック
年間生産量	12,000kgs/year VP90% / Seedling 10%
主な輸出国	ドイツ、アメリカ、日本、カナダ、イギリス、ノルウェー、スウェーデン、オーストラリア、ニュージーランド

森とともに生きる
癒やしの楽園

　キャレイティーの創業者・ウデナは、インドやアフリカで服飾関係の仕事をしていましたが、もう充分やりきったと早期退職し、一部ジャングルだったルフナの土地を購入。
「不耕起、無肥料、無除草」を特徴とする福岡正信流の引き算の自然農法に傾倒し、オーガニックに変えていきました。そんな茶畑には、雨を上手に活用するための排水システムや人工の池、選び抜かれた雑草など、自然とともに生きるための工夫があちこちに見られます。また、茶の木だけではなく、マンゴーやハイビスカス、セイロンシナモン、クローブ、ペッパーなどさまざまなフルーツやハーブ、スパイスが共生しています。

　こう聞くと、ウデナはほかの茶園と差別化した紅茶をつくり、付加価値を高め、ビジネスチャンスをねらっているように見えるのですが、実際は真逆です。「ナチュラルシステムをていねいに構築していくと、結果的にユニークな茶になっただけ」と、彼はもうビジネスには興味がないかのようで、何よりも「自然」と「癒やし」を求めています。

上/ティーアーティストによる工芸茶づくり。
下/子どもたちの笑い声が聞こえる新しい学校。

セイロンシナモンを乾燥させているところ。

　生産量を大きくふやすことが目的でもないので、大きな工場は不要。小規模でも人さえいればできるのは、職人技が光る工芸茶（p.33参照）。地域の人たちの雇用にもつながるうえ、自分のスタイルにぴったりなのです。
「必要なものは正直さ。これだけで充分。でも、今足りないものは子どもの教育」
　周辺の貧しい村に、ウデナは新しく学校を建てました。楽しそうにはしゃぐ子どもたちの笑顔を見ているウデナの顔は、苗床を見ているときとまったく同じ。将来どうなるか楽しみだね、そう言っているように見えました。

Ruhuna
Hingalgoda Tea Factory
ヒンガルゴダティーファクトリー

標高	156 m	
面積	茶畑なし	
気温	25〜32 ℃	
雨量	6999 mm/年	
従業員	80人	

会社名	Tea Smallholder Factories Plc
製法	リーフィー、CTC
年間生産量	450,000kgs/year
輸出国	イラク、ロシア、イラン、中国、アメリカ、日本、イギリス
契約農家	920

伝統的な製法を守り、ベストCTC賞を受賞

ロウグロウン地域は高温多雨な気候で、昼間は厳しい暑さになります。製茶の段階で温度が上がりすぎると、葉のなかの旨み成分がダメージを受けてしまうので、ヒンガルゴダティーファクトリーでは、朝4時半から工場を稼働し、涼しいうちに製茶をすべて終わらせています。おいしい紅茶をつくるうえで大切な温度管理を徹底し、常に一定の気温以下になるようにチェックしています。ハイグロウン地域とは異なる自然環境に柔軟に対応し、上手につきあいながら、日々励んでいるのです。

ヒンガルゴダティーファクトリーは、2019年にベストCTC賞を受賞。オークションでは毎週トッププライスをマークする常連です。スリランカのティーオークションでは、CTC紅茶は標高別、グレード別にカテゴリーが分けられ、トッププライスをマークすると毎週オークションリポートで紹介されますが、ここは1年間で74回もトッププライスをマークしたそうです。さらには、オークション史上最高値を続々と更新しています。CTC紅茶は世界各国に輸出されますが、主にはティーバッグに使用されています。いそがしい現代のライフスタイルに合うように、早く、濃い紅茶が抽出されるように開発された製法だからなのです。

上／グレード別に振り分けたあとの出荷を待つ茶葉。
下／紅茶の味の鑑定をするマネジャーと工場長。

トッププライスをとったCTC紅茶をテイスティング。

ほかの茶園が続々と差別化を図るなか、ヒンガルゴダは今までのやり方をていねいに受け継ぐことを重んじています。「国によって、人によって、好みも違うと思います。ただ、紅茶をおいしく、楽しんでくれたらうれしい」とマネジャー。「基本に忠実に、伝統的な製法を守り、真面目に実直に努力を重ねてきたら、毎週トッププライスをマークする名園になったのです」と澄んだ目で言いました。

産地から世界へ
プロフェッショナルの仕事

セイロンティーが食卓に届くまでに、どんな人たちがどのように関わっているのでしょうか。製茶工場やティーブローカー、バイヤー、インポーター、ブレンダー、各紅茶メーカー、そしてスリランカ政府紅茶局の抜き打ちチェックも入れると、実に6回ものテイスティングが行われています。さまざまな紅茶専門機関が品質を管理し、紅茶産業をサポートしているのです。

From Field to Cup
茶園から一杯の紅茶になるまで

1 茶園

各茶園でつくられた紅茶を、ティーオークションに出品するための準備に入ります。スリランカのティーオークションでは、ひとつのロットが数百kg〜1t前後となります。規模の大きな茶園でも、ひとつのグレードで1t前後になるには数日かかる場合が多く、茶園ではできた紅茶をVin（ヴィン）という貯蔵箱に入れて保管します。量がまとまったら、紅茶のサンプル3〜4kgを契約しているティーブローカーに送ります。

Tea Tasting　茶園

できたばかりの紅茶を、茶園のマネジャーや工場長が鑑定。昨日の紅茶と今日の紅茶を同時に飲みくらべます。昨日よりも今日、今日よりも明日。よりおいしい紅茶をつくるために、この作業は欠かせません。

2 ティーブローカー

スリランカにはティーブローカーが8社あり、各茶園は1社以上と契約しています。ティーブローカーは、契約茶園でできた紅茶をオークションで販売するために、スリランカ国内のティーバイヤーに送付します。

Tea Tasting　ティーブローカー

それぞれの契約茶園から送られてきた紅茶のサンプルを鑑定し、改善点を茶園にフィードバックします。また、ティーオークションで競り落とされる価格の予想も行います。

スリランカのティーブローカー8社

Asia Siyaka Commodities PLC
Bartleet Produce Marketing (Pvt) Ltd
Ceylon Tea Brokers PLC
Eastern Brokers Ltd
Forbes & Walker Tea Brokers (Pvt) Ltd
John Keells PLC
Lanka Commodity Brokers (Pvt) Ltd
Mercantile Produce Brokers (Pvt) Ltd

4 世界のティーインポーター

世界のティーインポーターに届いた紅茶のサンプルは、約3週間後に開催されるティーオークションで競りにかけられます。どの紅茶を競り落とすかを、あらかじめティーテイスティングして決めておきます。

> **Tea Tasting**
> 世界のティーインポーターやティーブレンダー
>
> 仕入れのために茶葉を鑑定します。数種類から数十種類の紅茶をブレンドするティーブレンダーが記録したブレンドシートはトップシークレット。新茶を使っても、変わらない味と香りを再現し、安定した品質の紅茶をつくり出していきます。

3 スリランカのティーバイヤー

スリランカに400社もあるティーバイヤー。その多くはコロンボ周辺にあり、ティーブローカーより届いたサンプルを、世界各国のティーインポーターに送付します。スリランカ最大の紅茶輸出量を誇る企業はアクバルブラザーズで、そのテイスティングルームは、これまで見たなかでも最大規模。毎週、何千、何万という紅茶のサンプルが集まり、同時に何百カップもテイスティングを行う光景は圧巻です。

その規模とは対照的に、対応はとてもこまやか。ティーインポーターの話をていねいに聞き、立ち上げたばかりの小さなビジネスにも寄り添い、ともに成長できるようサポートします。どのマーケットに、どの価格帯で、どのように売りたいのかをいっしょに検討し、水の違いにも配慮しながら、徐々にビジネスを拡大していくパートナーです。

> **Tea Tasting**　スリランカのティーバイヤー
>
> 同じ茶園でも天気や気温、湿度、製茶過程により、紅茶の品質は日々異なります。ティーバイヤーは世界各国のティーインポーターの好みを把握しているため、ティーテイスティングをして、好みに近い紅茶のサンプルを世界じゅうへ送付します。

5 e-オークション

世界最大規模のコロンボ・ティーオークション。毎週火曜日と水曜日の2日間にわたり、スリランカ全土で生産された約5000〜6000t、約1万種類の紅茶の約95%が売買されます。オークションに参加できるのはスリランカのティーバイヤーのみで、世界各国のティーインポーターはティーバイヤーと契約し、オークションで競り落としてもらいます。

以前は対面で開催されていましたが、現在はすべてインターネットを利用したe-オークションになりました。ひとつのロットにかける

このカタログすべてが、スリランカのティーオークションに出品される紅茶1週間分。

競りの時間はたったの10秒。入札があれば3秒延長され、さらに入札があれば再び3秒延長されます。この短い時間で落札が決まり、紅茶は世界各国へと送り出されます。

6 世界に発送、それぞれのお店に到着

競り落とされた紅茶は、すぐに各国へ輸出され、ティーインポーターの手元に届きます。インポーターは届いた紅茶をおいしく飲んでいただくために、茶葉の量、蒸らし時間を検証します。

Tea Tasting　各メーカー

各メーカーでは、紅茶を実際にいれておいしさをチェックします。茶葉の量や蒸らし時間の最適なポイントを探していきます。MITSUTEAでは、茶葉を0.5g単位で（ティーバッグの場合は0.1g単位）、蒸らし時間を30秒単位で調整し、その紅茶がいちばんおいしくなるポイントがどこにあるかを見つけ出していきますが、ここが腕の見せどころ！　お客さまに最高のセイロンティーを楽しんでいただくために、じっくりと時間をかけて、しっかりと検証を行っていきます。

7 みなさまのティータイムへ

　紅茶はストレート、ミルクティー、アイスティー、チャイの4つのいれ方があり、そのほかフルーツ、ハーブやスパイス、アルコールと合わせて楽しめます。季節や気分に合わせて、また、体調に寄り添って、紅茶を選んだり、アレンジできるようになったりすると、さらに紅茶の世界が広がります。シングルオリジンティーから限りなく広がるセイロンティーの世界を楽しみましょう！

MITSUTEAの
ティーテイスティングルーム

　このように、紅茶の流通の各段階で、それぞれ異なる目的でティーテイスティングが行われています。MITSUTEAでは毎年スリランカ紅茶ツアーを開催していますが、そのなかでも特に心躍るのがティーテイスティングルーム。新しい紅茶との出会いが待っているかと思うと、それだけでワクワクが止まりません。

　この感動を日本でもぜひ体験していただきたく、MITSUTEA店舗にスリランカのティーテイスティングルームを再現しました。茶園でできたそのままの紅茶の味と香りに焦点をあて、お客さまの好みの紅茶を、テイスティングしながら選ぶお手伝いをしています。自分の好みの紅茶を確かめたうえで、安心して購入できるだけでなく、おいしい紅茶のいれ方のコツもお伝えしています。

What is Tea Tasting?
ティーテイスティングとは？

ティーテイスティングとは、紅茶の品質を、決まった条件下で五感を使って鑑定すること（官能評価）です。

茶葉を目で見て、指でさわり、下に落としてその音を聞きます。紅茶を抽出したら、水色(すいしょく)と香りを確認します。紅茶を口に含む際は、茶液に空気を含ませるように、ズズッと口から音を立てて吸い込み、口のなかで茶液を噴射させ、鼻から抜ける紅茶の香りや舌の上を転がる味を鑑定します。この一瞬で、「葉の外観」、「茶殻」、「水色」、「香り」、「味」の5つのポイントを把握して評価するのです。

鑑定する場所

紅茶のテイスティングでは水色を常に同じ条件下で鑑定するために、天候や太陽の位置によって光が左右されない、やわらかい光がさし込む北向きの窓辺で行います。白いタイル、白いテイスティングカップセットが基本ですが、テイスティングする場所は現在ではさまざまです。

鑑定方法

国際基準がありますが、各国また各社独自の方法で鑑定しています。スリランカでは一般的に熱湯150mL、茶葉2.5g、抽出時間5分で鑑定する場合が多く、ミルクティー用の茶葉を鑑定する場合にはストレートではなく、あらかじめミルクを入れた紅茶でテイスティングしている様子も見られます。

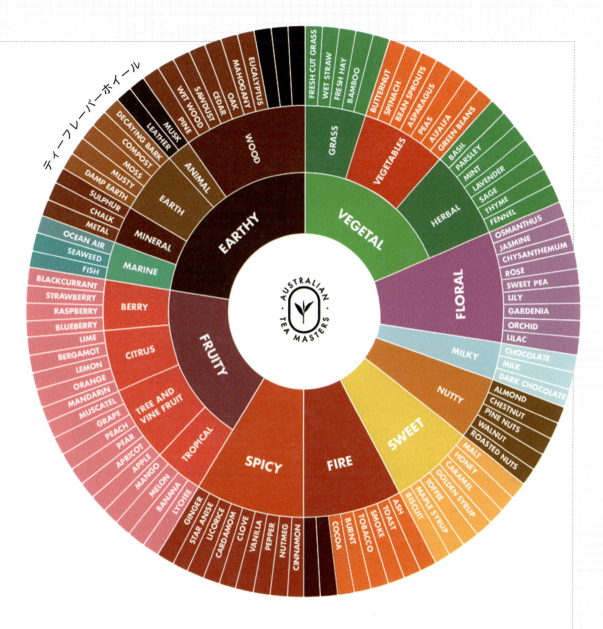

　ティーフレーバーホイールは、紅茶の特徴を伝えるためのコミュニケーションツールとしてつくられました。使い方は円の内側から外側に向かって、特徴を見ていきます。

　たとえば、フルーティーな紅茶なら、ベリー系かシトラス系か。シトラス系であれば、レモンなのかオレンジなのか。円の外側まで落とし込むことで、イメージしやすくなるのです。スリランカでは、通常ティーテイスティング用語 (p.212参照) で紅茶の特徴をあらわし、生産者にフィードバックして品質アップをはかりますが、消費者にはイメージしにくいものとなっています。反対にマーケットで人気の紅茶は、イメージしやすい言葉が使われています。

　紅茶の特徴をわかりやすく言葉で表現することにより、アレンジティーのヒントや、フードとのペアリングにも生かすことができる、便利なものさしなのです。

Sri Lanka Tea Authority
スリランカの紅茶機関

TEA RESEARCH INSTITUTE
ティーリサーチインスティテュート /TRI

ハイグロウン地区ディンブラの茶畑の中心に位置する「紅茶研究所(TRI)」。ここでは、お茶に関わるさまざまな研究が行われていて、得られた情報はすべて茶園にフィードバックされ、継続的な紅茶栽培を支援しています。

たとえば、土。標高や場所はもちろん、挿し木(VP)か実生(seedling)(p.18参照)かによっても、その木に合う土は違ってきます。TRIでは土壌のプロファイリングデータをとり、その土地の土に合わせて茶の木や肥料を選定し、土壌の性質を改良したり調整したりする方法を教えています。

また、病気になった木は、病気の部分だけをとり除き、自然の力で治療します。化学薬品に頼るのは、最後の手段。環境への負荷を最小限に抑えることが最優先とされています。病気予防のため、雨季にはシェードツリーを剪定し、日光が充分に届くようにするといった工夫も推奨しています。TRIは病気予防からケアまでを

行う、紅茶の総合医療施設のような存在でもあるのです。

以前は茶葉の味と香りを中心に研究していたそうですが、ここ数年、地球温暖化などによる気候変動により環境が大きく変化し始めました。紅茶産業を持続可能なものにするために環境や作り手、消費者までも視野に入れて、トータルにケアしています。近年、労働者の健康を維持する仕組みづくりにも着手しました。

「セイロンティー業界には、子どもの労働者はいません。ダイバーシティー、ジェンダーフリーを念頭に、5年ごとに大きなプランを立てています。これから先もずっと紅茶とともに生きていける世界をめざしています」とディレクター。TRIはもはや紅茶の病院というだけではなく、紅茶のマーケティング戦略を考え、新商品を開発して実現する先駆者です。これからは工芸茶にも注力していくそうで、期待で胸がふくらみます。

スリランカ政府紅茶局
Sri Lanka Tea Board

紅茶に関する法律のもと、セイロンティー全体の品質をアップさせ、世界へプロモーションを行い、次の段階へと発展させる仕事を行っています。100%スリランカ産の紅茶で、スリランカ国内でパッキングされた紅茶のパッケージには、申請して認可が下りれば「ライオンロゴ」をつけることができます。このロゴがついている紅茶の品質をキープすることも重要な役割のひとつ。7大産地の味と香りの違いの多様性を維持しながら、次の時代へどう発展させていくかが大きな課題です。

紅茶だけではなく、紅茶業界を支える人たちへのサポートや環境問題など、紅茶ファンの私たちもいっしょに考え、行動していく必要があると実感しました。

Tea Tasting　　スリランカ政府紅茶局にて

オークションに出品される紅茶のなかで、品質の低い紅茶を排除するため、世界に発送する直前までランダムに紅茶を選び、抜き打ちでティーテイスティングを行う「パネル」と呼ばれるテストが毎週実施されています。これにより、スリランカ紅茶の高い品質が保たれています。

セイロンティーミュージアム
Ceylon Tea Museum

キャンディーから車で南へ15分、山の中腹のハンターナにある「セイロンティーミュージアム」。茶畑のなかに建つ製茶工場を改築してつくられました。100年以上前の製茶方法や歴史を知ることができ、スリランカの紅茶の父、ジェームス・テーラーの遺品もここにあります。

テイスティング体験や、スリランカの紅茶メーカーの茶葉や茶器の購入もできます。心地よい風が吹き抜ける最上階で、ゆっくりと紅茶を楽しむのもおすすめです。

セイロンティーの楽しみ方

第4章では、産地ごとの個性豊かなセイロンティーのおいしさをさらに引き出すコツを紹介します。紅茶をいれるための道具や紅茶に合う水、基本のいれ方、ミルクや砂糖の種類と特徴、そしてセイロンティーに合うさまざまな食材との組み合わせをお届けします。MITSUTEAオリジナルのアレンジレシピも登場。セイロンティーの世界をいっしょに広げていきましょう。

紅茶をいれる道具
（ティーグッズ）

おいしさを最大限に引き出すためには、欠かせない道具があります。ここでは、基本となる8つのティーグッズをご紹介。それぞれの役割を知り、おいしい一杯を。

茶葉の旨みを引き出す丸型のポット

丸型のポットは注いだお湯が茶葉の抽出に理想的な動きとなり、茶葉本来の香りや味わいがうまく引き出されます。素材は磁器製や、中が見えるガラス製が理想です。

茶葉と湯の量を正確にはかるスケール

茶葉を厳密にはかるなら0.1g単位のスケールがおすすめです。また、湯の量は計量カップではかると温度が下がるので、ポットをスケールにのせて湯を注ぐようにしましょう。

茶葉をはかるスプーンは大さじ小さじ

茶葉は専用スプーンでいつも同じようにはかりましょう。分量が一定にはかれる、大さじと小さじの計量スプーンがおすすめ。形は少し深めのものがはかりやすいです。

繊細な香り、水色（すいしょく）、味わいを楽しむティーカップ

口径が大きく、外へ向いて広がった朝顔型で、内側が白色の磁器がおすすめです。さらに口にふれる部分が薄いものを選ぶと、より繊細な味わいを感じることができます。

目がこまかい二重の茶こし

目がこまかい茶こしは、こまかな茶葉もこすことができるので、紅茶の色や味わいがよくなり、ベストドロップといわれる最後のおいしい一滴まで抽出することができます。

紅茶をしっかり保温するティーコージー

紅茶を蒸らしている間やセカンドポットに移し替えたあと、冷めないようにポットの上からかぶせることで、保温してくれます。タオルやキッチンクロスなどでも代用できます。

蒸らし時間を正確にはかるタイマー

茶葉によって、蒸らし時間は異なります。準備している間にうっかり蒸らしすぎることのないように、ポットに湯を注ぐ前にタイマーを押す習慣をつけましょう。

茶葉をおいしく保存する密封容器

茶葉に大敵なのは、湿気とにおいと直射日光。密封した容器に入れ、においのない冷暗所に保管しましょう。結露が発生する冷蔵室や冷凍室での保管はおすすめしません。

紅茶にとってよい水

おいしい紅茶をいれるために重要な要素のひとつが、水。国や地域によって水の性質は異なりますが、紅茶に最も適した水とはどのようなものなのでしょうか。

紅茶に向いているのは汲みたての日本の水道水

日本の水道水には、紅茶がおいしくなる2つの条件が備わっています。

① 軟水であること
② 空気を含んでいること

① 軟水

軟水はクセがなくまろやかで、紅茶の香りや味、水色をしっかりと引き出します。日本のほとんどの地域では軟水が採水されています。

[WHOによる水の硬度の区分]
0～60mg/L……………………………軟水
60～120mg/L …………………………中硬水
120～180mg/L ………………………硬水
180mg/L～ ……………………………超硬水

ミネラルウォーターを使う場合は？

硬度30～50程度の軟水がおすすめです。ただし、硬度が同じでもブランドごとにミネラルのバランスが異なるので、同じ味になるとは限りません。また、海外のミネラルウォーターは硬水が多いので、必ず硬度を確認しましょう。

> **Notes**
> セイロンティーの産地の特徴に硬度を合わせてみると、香りと渋みに特徴があるヌワラエリヤやウバ、ディンブラでは、硬度の低い水のほうがその香りとシャープな特徴をうまく引き出せる傾向があります。一方、サバラガムワやルフナは少々硬度が高めの水でいれると、産地特有の甘みやコクを引き出すことができます。

② 空気を含んだ水

紅茶は空気を含んだ水でいれることで、香りや味、水色などの要素を担う成分がバランスよく抽出されます。蛇口から勢いよく出した水には空気が含まれるため、ぜひ汲みたての水道水でいれてみてください。

また、カルキ臭や不純物が気になる場合は、浄水器を通して使うことをおすすめします。

紅茶にとってよい湯

紅茶をおいしくいれるためには、タンニンをしっかり抽出することが大事です。タンニンは高い温度で抽出されるので、沸騰した湯でいれましょう。ただし、沸騰し続けると湯のなかの空気が抜けてしまいます。熱々の湯であることと同時に、なるべく湯のなかに空気がある状態が望ましいです。沸騰のサインは小さい気泡がぷつぷつ上がり始めたあとに、コイン大の気泡がぼこぼこと出てくる瞬間。これが出たらすぐにポットに注ぎましょう。

また、沸騰というと100℃と思いがちですが、条件によって沸騰する温度は異なります。95℃～98℃を目安にするとよいですが、この沸騰サインを目安にしましょう。

何度も沸かし直すと、そのたびに空気は抜けてしまいます。一度冷めた湯を使う場合は、半量減らして、汲みたての水を足してから沸かすとよいでしょう。

ストレートティーに
おすすめのセイロンティー

セイロンティーとひと口で言っても、産地ごとに味わいと香りはさまざまです。味わいと香りを軸にしたチャートを参考に、好みの一杯を探してみましょう。

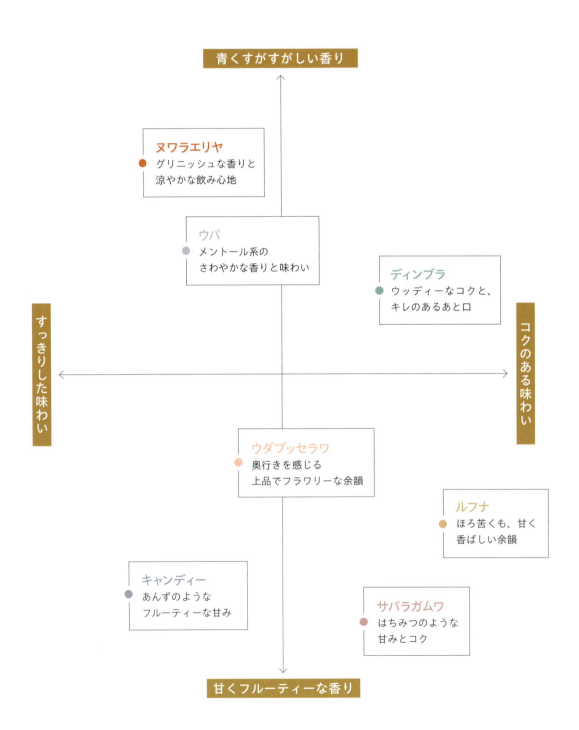

ヌワラエリヤ

淡いゴールドイエローの紅茶。グリニッシュで若々しい味わいと、清らかで涼やかな飲み心地。そのなかにレモンのような柑橘系の香りをふわりと感じる。ホットティーはもちろん、水出しアイスティーもおすすめです。

ウダプッセラワ

軽やかでメロウな口あたりと、繊細で奥行きのある味わいが特徴。のど元を過ぎたあとに広がる、フラワリーな香りの余韻が続きます。わずかに麦芽の風味を感じるものも。ゆっくり味わっていただきたい紅茶です。

ウバ

6月〜9月にクオリティーシーズンを迎えるウバは、ミントのようなメントール系のすっきりとした香りと、パンジェンシーといわれる心地よい渋みが特徴。夏でもホットティーで飲みたくなるさわやかな味わいです。

ディンブラ

水色(すいしょく)は濃い赤橙色で、深いアロマとウッディーなコクが持ち味。少し深みのあるヒノキのような森林の香りは製茶工場のなかにいるよう。しっかりした味わいなのに、キレのあるあと味。まさにセイロンティーの代表格です。

キャンディー

渋みがなく、軽やかな口あたりが特徴。あんずのようなフルーティーな甘みが、口いっぱいに広がります。時間をおいてもその甘い味わいは続くので、ポットにたっぷりといれて、ゆっくり飲みたいときにおすすめです。

サバラガムワ

はちみつのような濃厚な甘い香りと紅茶らしいしっかりしたコク。渋みは少ないのに、味わい深く、スイートポテトのようなほっこりした余韻が続きます。特に秋から冬の寒くなる頃にぴったりです。

ルフナ

黒糖のような甘みと、香ばしい香り。フルボディで、濃厚な深みのある味わいは赤ワインのよう。渋みが少なく、香ばしくほろ苦い余韻があとを引きます。氷をたっぷり入れたアイスティーにしても、香ばしさは引き立ちます。

ホットティーのいれ方

Leaf Tea リーフティー

おすすめの道具を使って、リーフティーで紅茶をいれてみましょう。ちょっとしたコツで、紅茶がもつ香りと味わいがうまく抽出されます。

〈材料〉(2杯分)
茶葉(ディンブラ)………4g (小さじ2)
熱湯……………………300mL

1 やかんに汲みたての新鮮な水道水を入れて、沸かす。

2 お湯でポットを温める。
point
紅茶の抽出にはなるべく熱い温度がよいため、湯温が下がらないようにポットは必ず温めてから使用。

3 ポットのお湯を捨てて茶葉を入れ、沸騰したての湯を注ぐ。
point
湯を茶葉にあてないように注いで、余分な渋みやえぐみが出るのを防ぐ。

4 ふたをして2分蒸らす。

5 茶こしを使って、セカンドポットに入れかえる。

茶葉と分量と蒸らし時間について

MITSUTEAの茶葉は、ほとんどがシングルオリジンティーのため、茶葉の大小といった形のほか、「その年のその紅茶」によっても使用する分量や蒸らし時間が変わります。ここでは、実際に使った茶葉に適切な分量と蒸らし時間を書いています。実際にいれる際は、パッケージの裏の表記を参考にしてください。

一般的な目安 (熱湯の量は300mL)

BOPなどの小さい葉
・3.5〜4g (約小さじ2)
・蒸らし時間は2〜3分

OPなどの大きい葉
・4.5〜5g (約大さじ1.5)
・蒸らし時間は3〜4分

Tea Bag ティーバッグ

1杯だけいれたいときなどに、手軽なティーバッグ。ひと手間かければ、リーフティーと同じくらいおいしい紅茶がいれられます。

〈材料〉（1杯分）
ティーバッグ（ディンブラ）………1個
熱湯………………………………150mL

1　ティーカップをお湯で温める。
point
紅茶を抽出するには、注いだお湯の温度ができるだけ下がらないようにする。

2　お湯を捨てて熱湯を注ぎ、カップの縁からティーバッグを入れる。
point
袋が破けたり、茶葉から余分な渋みやえぐみが出るのを防ぐ。

3　お皿などでふたをして2分蒸らす。

4　ティーバッグを1〜2回揺らし、そっと引き上げる。
point
余分な味が出てしまうため、ティーバッグは、絶対に絞らないこと。

ティーバッグの分量について

MITSUTEAではティーバッグの茶葉の分量はそれぞれ異なります。一般的にはティーバッグの中身は2g程度入っている場合が多いですが、それよりも少なくておいしい茶葉もあれば、約2倍の量が入っているミルクティー向きの茶葉もあります。

ティーバッグの形

従来の底がW形のものやテトラ形のものがあります。テトラ形は袋のなかに空間があるので、湯を注ぐと中で茶葉が動いているのがわかります。この形のおかげで、ティーバッグでもティーポットでいれた紅茶と同じように楽しむことができます。

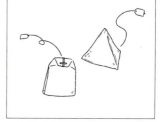

アイスティーのいれ方

On the Rocks オンザロックス

濃い紅茶を抽出してから冷やすことで、香り高くコクのあるアイスティーが楽しめます。

〈材料〉（2杯分）
茶葉 (ルフナ) ……………… 4g （大さじ1強）
熱湯 ……………………… 200mL
氷 ………………………… 適量

1 温めたティーポットに茶葉を入れ、沸かしたてのお湯を注ぐ。
point
ホットティーは300mLの湯でいれるところを、200mLで濃くいれる。

2 ふたをして3分蒸らす。
point
蒸らし時間はホットティーより短くすることで、タンニンの抽出を抑え、渋みが出すぎずクリームダウンも防ぐ。

3 セカンドポットに氷100gを入れ、茶こしを使って注ぐ。

4 よくかき混ぜて、氷をとかす。さらに冷やす場合は冷蔵室で保存。

5 グラスに氷を入れ、4を注ぐ。

茶葉ついて

オンザロックス方式でつくるアイスティーのおすすめ茶葉は、ディンブラ、ウダプッセラワ、サバラガムワ、ルフナ。

紅茶でつくるティーシロップの作り方

アイスティーに甘みをつけたいときにおすすめ。

〈材料〉（つくりやすい分量）
茶葉 (ディンブラDust1) ……………… 6g （大さじ1弱）
熱湯 ……………………… 150mL
グラニュー糖 ……………… 120g （紅茶液と同量）

〈作り方〉
1 上の手順で濃い茶液をつくる。蒸らし時間は4分。
2 セカンドポットにグラニュー糖を入れ、1を茶こしを使って移しかえ、しっかり混ぜる。
3 電子レンジ（500W）に30〜40秒かけ、砂糖をとかす。
4 消毒した容器に移しかえ、あら熱がとれたら冷蔵室へ。保存期間は3週間。

Cold Brew 水出し

水出し紅茶はどの産地の茶葉でも手軽につくれます。それぞれの香りを楽しめる、軽やかなアイスティーに仕上がります。

〈材料〉（つくりやすい分量）
茶葉（ヌワラエリヤ）………… 6〜7g（大さじ2）
水………………………………… 1L

1 清潔なポットに水を入れる。
point
浄水器を通した水道水や、軟水のミネラルウォーターがおすすめ。

2 お茶パックに詰めた茶葉を入れて、冷蔵室で5時間ほど抽出する。ちょうどよい濃さになったら、お茶パックをとり出す。

3 冷蔵室で保存し、その日のうちに飲みきる。

茶葉の分量について

基本的には水100mLに対して茶葉は1gですが、茶葉や好みによって、茶葉の分量をかげんしましょう。ヌワラエリヤの場合は少なめにすることで、レモンのようなすがすがしい香りが感じられます。

炭酸出しアイスティーの作り方

水出しを炭酸水でつくるとスパークリングティーに。茶葉にミントやレモングラスなど、ハーブをブレンドするのもおすすめです。

〈材料〉（つくりやすい分量）
好みの茶葉 ………………… 5g
（ヌワラエリヤの場合は3.5〜4g）
炭酸水（無糖・ペットボトル）………… 500mL

〈作り方〉
1 ペットボトルの炭酸水を1割（500mLのペットボトルの場合50mL程度）出す。
2 ペットボトルにお茶パックに詰めた茶葉を静かに入れ、冷蔵室で5時間ほど抽出する。ちょうどよい濃さになったらお茶パックをとり出し、その日のうちに飲みきる。
point
キャップを開けるときは、少しずつ空気を抜きましょう。一気にあけると、ふきこぼれてしまいます。

おいしいポイントの探し方

表示どおりいれても、水の違いや好みによって、濃すぎたり、薄く感じたりすることも。満足のいく一杯のために、自分好みのおいしいポイントを探してみて。

 Step1　初級編

縦横ラインで、好きな紅茶の味を探す

紅茶をおいしくいれるために、道具や水、湯の状態、いれ方について紹介してきました。あとは、それぞれの紅茶に合った茶葉の分量や蒸らし時間が決め手となります。

茶葉にはいろいろな形状があり（p.26参照）、こまかい茶葉は抽出しやすいため、少ない分量で蒸らし時間も短めにすることが多く、大きな茶葉は一般的には、茶葉の量を少し多く使い、蒸らし時間もゆっくり抽出することが多いです。

ただし、どの紅茶にもこの法則が当てはまるわけではありません。さらに、シングルオリジンティーの場合は、同じ産地や同じ茶園であっても、同じいれ方でおいしくなるとは限りません。そのため、3章で紹介したように、MITSUTEAでは茶葉を入荷するごとに、その紅茶の特徴がうまく抽出される分量と蒸らし時間を、毎回テイスティングをして決めます。各メーカーや生産者が、おいしいと思うポイントがパッケージに記されていますので、まずはそれを参考にいれるのをおすすめします。

しかし、パッケージどおりにいれたとしても、ちょっと渋い？なんだかぼんやりしている？と感じることがあるかもしれません。紅茶をいれる水は日本の水道水がおすすめですが、地域によって少しずつ硬度やミネラルバランスが異なるため、味わいに変化が生まれます。また、紅茶は嗜好品です。パッケージどおりのいれ方が、お好みに合わない場合もあるでしょう。好みの味と少し違うなと感じた場合、茶葉の分量や蒸らし時間を少しずつ変え、満足のいく一杯をいれてみましょう！

おいしいポイントの見つけ方

1. パッケージどおりの茶葉の分量と蒸らし時間でいれる

　↓

　おいしい！ → OK

　少し違う ↓

2. 蒸らし時間、または茶葉の分量を少しずつ変える

このとき、茶葉の分量と蒸らし時間を同時に変えてしまうと、ポイントを見過ごしてしまうことがあります。たまたまおいしくなる場合もありますが、その茶葉の特徴を引き出すためには、片方ずつ変えてみましょう。

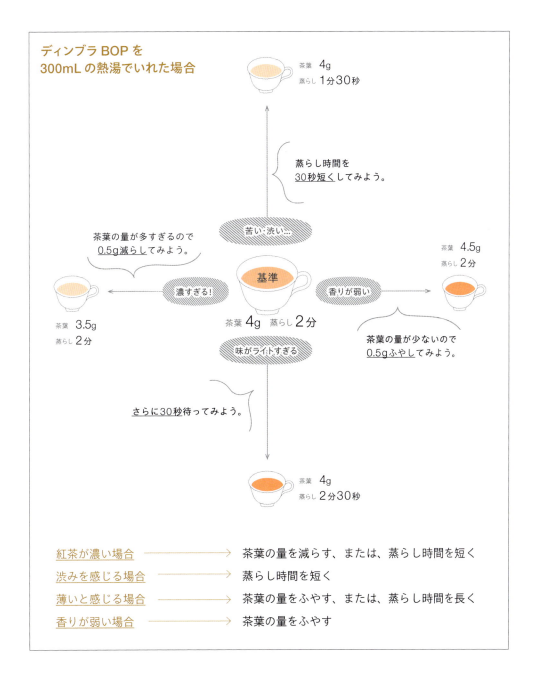

Step2 中級編

9つのカップで味わいの違いを確認

紅茶の味わいは茶葉の量と蒸らし時間のかけ合わせで決まります。香りや渋み、コクなどの味わいは、時間とともにいっせいに抽出されるわけではありません。それぞれの成分がばらばらに抽出されるので、その紅茶が最もバランスのよい味わいになるための、蒸らし時間を決めることはとても重要な作業です。香りや渋み、コクなどの味わいにこだわった、自分の好みの味を見つけるために、茶葉と蒸らし時間を変えて9通りの味わいの違いを知りましょう。

9通りのいれ方

基本のいれ方（ディンブラBOPの場合、熱湯300mL、茶葉4g、蒸らし時間2分）を基準に、茶葉の量を±0.5g、蒸らし時間を±30秒、それぞれ調節すると、9通りの紅茶ができます。斜めの線上にあるように、茶葉を減らして蒸らし時間を長くする場合と、茶葉をふやして蒸らし時間を短くする場合とは、近い味わいになります。もっと好みの味に近づけるには、Step3を参考に、味や香りの変化を確認しましょう。

渋みが気になる場合

渋みや苦みが出やすい紅茶は、熱湯でいれることでより際立つ場合があります。もし、茶葉の量や蒸らし時間を変えても渋みが気になる場合は、熱湯を少し下げて（80〜85℃）いれるのもおすすめです。渋みや苦みが抑えられることで、隠れていた香りや甘みが前に出てきて、おいしくなることもあります。

斜めのラインで、茶葉の特徴×自分の好みの味わいを探求

　茶葉の特徴を引き出しつつ好みの味わいを見つけるには、茶葉の量と蒸らし時間を斜めのラインで調節するのがポイントです。

　香りと渋みに特徴がある場合は、香りをアップさせるために茶葉をふやしますが、渋みも出るため、蒸らし時間を短くします。甘みとコクに特徴がある場合は、甘みを感じるために蒸らし時間を長めにしますが、濃くなりすぎないように、茶葉の量は減らします。このようにさまざまな条件で好みの味を見つけてください。

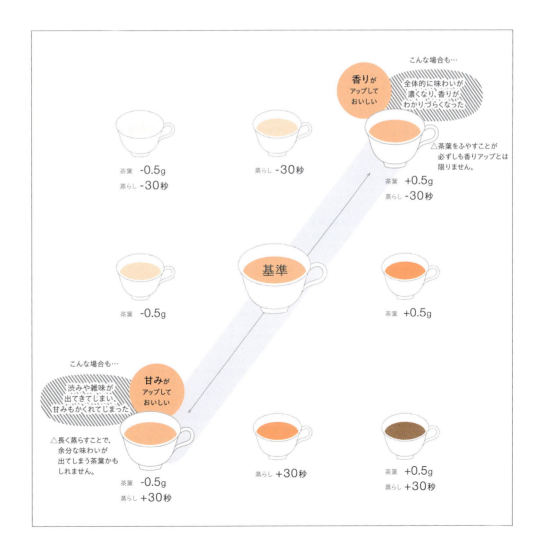

ミルクティー

ミルクティーにとって大切な4つのポイント

紅茶にミルクを入れたらミルクティーですが、茶葉とミルクにこだわれば、さらにおいしく。最高の一杯をいれるために、4つのポイントを押さえましょう。

Point 1
茶葉の種類

　茶葉選びは、おいしいミルクティーへの第一歩です。「ミルクと合わせるとおいしい茶葉の条件」は、なんといってもコク。ミルクを入れてこそおいしさが引き出されるような茶葉が、セイロンティーにはたくさんあります。しかも産地ごとにキャラクターの違うミルクティーが味わえるので、その日の気分で茶葉を選んでみてはいかがでしょうか。

おすすめの茶葉

コク重視の ストロングミルクティー	香りとコクのバランスが とれたミルクティー	香り重視の軽やかな ミルクティー
ディンブラCTC	ディンブラDust1	ウバ
キャンディーCTC	ディンブラBOP	
サバラガムワCTC	ルフナ	
ルフナCTC		

Point 2

茶葉の量

　ミルクに負けない紅茶をいれるには、茶葉の量をストレートで飲む場合の約2倍の分量に。とても濃い茶液でこのままでは飲めませんが、ミルクをたっぷり入れると、紅茶の味わいもしっかり感じるミルクティーに仕上がります。

Point 3

蒸らし時間

　通常、CTC製法のこまかい茶葉は短い蒸らし時間で抽出できますが、ミルクに負けない紅茶を抽出するために、こまかい茶葉であっても3〜4分程度蒸らして、しっかりとコクを出すことが必要です。ただし、長ければ長いほどよいというわけではありません。えぐみや雑味が出てくることがあるので、きちんとタイマーを使ってはかることをおすすめします。

Point 4

ミルク

　茶葉選びと同じくらい大事なのが、ミルク選びです。ミルクとひと口にいっくも、牛乳だけでもたくさんの種類があります。

種類　成分無調整牛乳（乳脂肪分を減らしたりほかの材料を加えたりしていない牛乳）がおすすめです（p.142参照）。また、近年はプラントベースミルクも注目されています。牛乳とは使い方が異なりますが、豆乳やアーモンドミルク、オーツミルクは紅茶との相性がよいです。

分量　ティーカップ1杯の紅茶に、牛乳は大さじ1½〜2杯が目安です。

温め方　牛乳は温めすぎるとにおいが強く出て、紅茶の香りが負けてしまうため、ほんのり温める程度にします。ミルクピッチャーやセカンドポットを熱湯でしっかりと温めて、湯を捨てたあとに牛乳を入れて余熱で温めます。または、電子レンジを使い、10秒ずつ様子を見ながら温めてもよいでしょう。

牛乳についてもっと知ろう

牛乳とひと口にいっても、スーパーマーケットの売り場にはさまざまな種類が並んでいます。それぞれの特徴を知って、ミルクティーに合う牛乳を選びましょう。

セイロンティーに合わせるには、乳脂肪を除くなどの成分調整をしていない牛乳（成分無調整牛乳）がおすすめですが、そのなかでも殺菌方法によって、味わいが異なります。殺菌方法の違いには、主に超高温殺菌牛乳と低温殺菌牛乳があります。紅茶の特徴によって合わせる牛乳を選ぶと、もっと自分好みのミルクティーにカスタマイズすることができます。

牛乳の種類

牛乳（成分無調整牛乳）
生乳を加熱殺菌しただけのもので、水などを加えたり、成分を除去したりしていないもの（乳等省令による）。
乳脂肪分3.0%以上：無脂乳固形分8.0%以上

成分調整牛乳
生乳から成分（水分、乳脂肪分、ミネラル等）の一部を除去したもの。
乳脂肪分1.5%以上：無脂乳固形分8.0%以上

低脂肪牛乳
生乳から脂肪分を除去したもの。
乳脂肪分が0.5%以上1.5%未満：無脂乳固形分8.0%以上

無脂肪牛乳
生乳からほとんどすべての乳脂肪分を除去したもの。
乳脂肪分0.5%未満：無脂乳固形分8.0%以上

加工乳
生乳や牛乳にクリームやバター、脱脂粉乳などの乳製品を加えたものや生乳を原料としたバターや脱脂粉乳などの乳製品を加工したもの。
無脂乳固形分のみ8.0%以上

牛乳の殺菌方法

	超高温殺菌牛乳	低温殺菌牛乳
温度	120〜150℃で1〜3秒	約65℃で30分程度
殺菌方法	牛乳特有のにおいがあり、コクも強く、飲みごたえのある味わい。日本では90%以上が採用。	しぼりたての生乳の風味をそのまま生かした、さらりとした味わいが特徴。
特徴	CTC茶葉で抽出されたストロングな茶液には超高温殺菌牛乳がおすすめ。濃厚で一体感のあるミルクティーに仕上がります。	香りを重視している茶葉には、味わいがさっぱりしている低温殺菌牛乳がおすすめ。牛乳を入れても、紅茶の香りが引き立ちます。
相性のよい茶葉	ディンブラCTC、キャンディーCTC、サバラガムワCTC、ルフナCTC	ディンブラDust1、ディンブラBOP、ルフナ、ウバ

※このほか、高温短時間殺菌牛乳といって、72〜75℃で15秒間殺菌する方法などもあります。これは低温殺菌牛乳に近い味わいとなります。

殺菌方法別の牛乳とセイロンティーの組み合わせ

牛乳は殺菌方法によって風味が変わります。ここではそれぞれの風味に合うミルクティーに最適な茶葉を紹介します。お好みの組み合わせを見つけてみましょう。

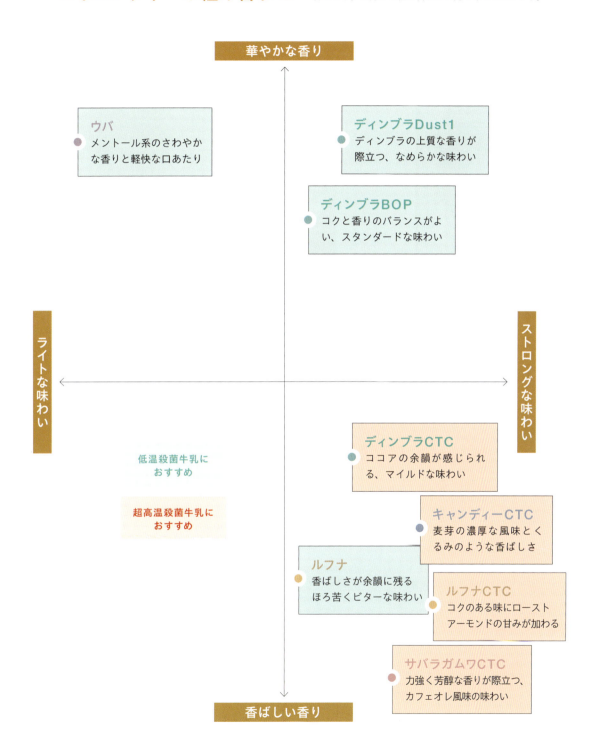

プラントベースミルクについてもっと知ろう

プラントベースミルクとは、植物由来の材料でつくられた代替ミルクのこと。牛乳とは違った個性的な味わいがあり、合わせ方にちょっとしたコツがあります。

豆乳

大豆を原料とした植物性ミルク。すっきりとした飲み心地。

紅茶に合わせる種類
香りを抑えた無調整豆乳がおすすめ。また、甘みがあり、飲みやすく加工された調製豆乳を合わせても。

おいしくなるポイント
きび糖を加えると、マイルドに。豆乳特有の香りが気になるかたはマサラなどのミックススパイスを加えても。

おすすめ豆乳
ひとつ上の豆乳（マルサンアイ株式会社）
大豆特有の香りが抑えられているので、紅茶との相性が◎

アーモンドミルク

アーモンドを原料とした植物性ミルク。さらっとした飲み心地。

紅茶に合わせる種類
産地で香りが異なります。アメリカ産の穏やかな香りのアーモンドミルクがおすすめ。

おいしくなるポイント
きび糖やアガベシロップ（ゴールド）を加えると、アーモンドの香りが引き立ちます。ミルクフォーマーで泡立てると口あたりがやさしくなります。

おすすめアーモンドミルク
137degrees（Haruna株式会社）
ローストしたアーモンドの香りとほどよい自然な甘みが特徴。

オーツミルク

オーツ麦を原料とした植物性ミルク。クセがなく、自然な甘み。

紅茶に合わせる種類
オーツミルクはそのものの甘みを生かすため、砂糖なしの商品を選ぶようにします。

おいしくなるポイント
ミルクをたっぷり使うことで、砂糖を入れなくても紅茶の香りと自然なオーツの甘みの調和を感じることができます。

おすすめオーツミルク
マイナーフィギュアズ オーツミルク（マイナーフィギュアズ）
香りがよく、コクがあるので、紅茶となじみやすい。

ミルクの種類別
おすすめ茶葉と使い方

個性豊かなミルクの風味を最大限に引き出す、おいしいミルクティーをいれるために、それぞれに相性のよい茶葉や、おすすめの使い方をくわしく紹介します。

	牛乳	
	低温殺菌牛乳	**超高温殺菌牛乳**
おすすめの使い方	ストレートティーの2倍の濃さで抽出する。 目安 紅茶:ミルク = 4:1	ストレートティーの2倍の濃さで抽出する。 目安 紅茶:ミルク = 3:1
相性のいい茶葉	・ディンブラ Dust1　・ルフナ ・ディンブラ BOP　・ウバ 紅茶の香りを引き立て、すっきりした風味に仕上げる。	・ディンブラ CTC　・サバラガムワ CTC ・キャンディー CTC　・ルフナ CTC ストロングでコクのある紅茶に合わせるのがおすすめ。

	プラントベースミルク		
	豆乳	**アーモンドミルク**	**オーツミルク**
おすすめの使い方	通常のミルクティーより濃く抽出する。 目安 紅茶:ミルク = 1:1	通常のミルクティーの2倍の濃さで抽出。 目安 紅茶:ミルク = 1:2〜3	エスプレッソのように濃い茶液と合わせる。 目安 紅茶:ミルク = 1:4
相性のいい茶葉	・ルフナ CTC 豆乳の風味を残しつつ、ローストナッツの香りがうまく調和。	・ディンブラ Dust1 ほんの少し甘みをつけてアーモンド風味を楽しむ。	・ルフナ CTC ローストナッツの香りがオーツの味わいにぴったり。

ミルクティーのいれ方

Basic Hot Milk Tea 基本のミルクティー

まるでカフェオレのような飲み心地の、香ばしく深みがあるミルクティー。

〈材料〉（2杯分）
茶葉（サバラガムワCTC）………… 8g（大さじ1⅓）
熱湯…………………………… 300mL
牛乳…………………………… 70mL

1 132ページの紅茶のいれ方を参考に、ミルクに負けない濃い紅茶をいれる。蒸らし時間は約4分。

2 お湯でしっかりと温めたセカンドポットに牛乳を入れて温める。
point
電子レンジ（500W）に30秒ほどかけてもよい。

3 1を2のポットに茶こしを使って移しかえる。

プラントベースミルクでつくるミルクティーの分量

〈材料〉（すべて2杯分）

豆乳

茶葉（ルフナCTC）………… 8g
熱湯………………………… 200mL
豆乳………………………… 150mL

アーモンドミルク

茶葉（ディンブラDust1）………… 8g
熱湯………………………… 150mL
アーモンドミルク………… 200mL

オーツミルク

茶葉（ルフナCTC）………… 8g
熱湯………………………… 100mL
オーツミルク……………… 200mL

作り方は上記参照。ただし、プラントベースミルクの場合は2で電子レンジ（500W）に1分30秒〜2分かけます。
豆乳とアーモンドミルクは、甘みを加えるとバランスがよくなり、飲みやすくなります。

Rich Iced Milk Tea　濃厚アイスミルクティー

茶葉の甘みとコクが堪能できる、濃厚な味わい。

〈材料〉（2杯分）
茶葉（ルフナCTC）………………… 9g（大さじ1½）
熱湯……………………… 200mL
牛乳……………………… 100～120mL
氷………………………… 適量

1　132ページの紅茶のいれ方を参考に、ミルクに負けない濃い紅茶をいれる。蒸らし時間は約4分。

2　氷100gを入れたセカンドポット（温めない）に、1を茶こしを使って移しかえる。

3　氷がとけるまでしっかりと混ぜる。
point
この時点で濃いミルクティーのような色になればOK。かなりストロングな紅茶が入っている証拠。

4　牛乳を加え混ぜる。

5　氷を入れたグラスに注ぐ。好みでティーシロップを加える（p.134参照）。

Ruhuna

Chai チャイ

スリランカの家庭では鍋でミルクティーを煮込む習慣はありません。でも、コクのあるCTCの紅茶でつくる濃厚なプレーンチャイは絶品です。

〈材料〉（1杯分）
茶葉 (ルフナCTC)············ 5g (大さじ1弱)
水···················· 100mL
牛乳··················· 100mL
きび糖················· 小さじ1

1 小さめの鍋に茶葉と水を入れ、強火にかける。鍋肌がふつふつしてきたら弱火にし、2分ほど静かに煮込む。

point
強火のままにするとえぐみが出ることがあるので、静かに煮込む。

2 牛乳ときび糖を加えて強火にし、鍋肌がふつふつしてきたら再度弱火にし、2分ほど静かに煮込む。

point
きび糖で、ほどよい甘みとコクをプラス。

3 茶こしを使い、カップに注ぐ。

Notes

おすすめの茶葉・牛乳・砂糖

茶葉： ルフナCTC、
　　　 ディンブラCTC、
　　　 ディンブラBOP、
　　　 ルフナ
牛乳： 超高温殺菌牛乳
砂糖： きび糖

チャイとロイヤルミルクティー

一般的には「チャイ」というとスパイスが入ったものをさし、スパイスの入っていないミルクたっぷりのミルクティーは「ロイヤルミルクティー」と呼ぶことが多いですが、MITSUTEAでは鍋で煮込むとチャイ、ポットで蒸らすとロイヤルミルクティーと区別しています。同じ茶葉、同じ牛乳を同じ量でつくっても、煮込むほうが少しコクが強くなり、ポットで蒸らすと上品な深みが出ます。

Masala Chai　マサラチャイ

マサラとは、ミックススパイスのことをさします。スパイスの組み合わせとベースの茶葉の選び方で、チャイの楽しみ方は無限に広がります。さまざまなチャイに挑戦してみましょう。

定番はルフナCTCをベースに、甘いセイロンシナモン、さわやかなカルダモン、刺激的な風味のクローブをブレンド。セイロンシナモンを軸にすることで飲みやすく仕上がります。

スパイスの組み合わせ

＊スパイスを入れる場合は、左ページのチャイのつくり方から茶葉の量を1g減らします。
＊スパイスは茶葉といっしょに入れて、最初から煮込みます。

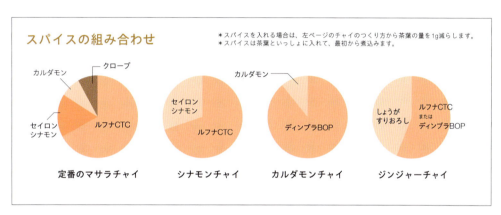

定番のマサラチャイ　シナモンチャイ　カルダモンチャイ　ジンジャーチャイ

冬だけじゃない、チャイの楽しみ方

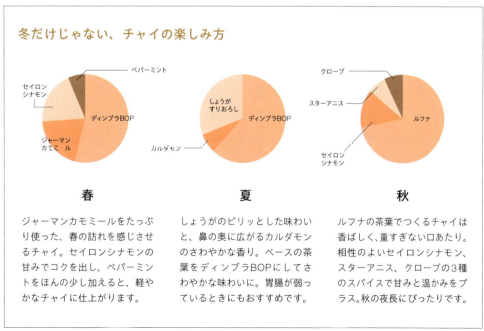

春
ジャーマンカモミールをたっぷり使った、春の訪れを感じさせるチャイ。セイロンシナモンの甘みでコクを出し、ペパーミントをほんの少し加えると、軽やかなチャイに仕上がります。

夏
しょうがのピリッとした味わいと、鼻の奥に広がるカルダモンのさわやかな香り。ベースの茶葉をディンブラBOPにしてさわやかな味わいに。胃腸が弱っているときにもおすすめです。

秋
ルフナの茶葉でつくるチャイは香ばしく、重すぎない口あたり。相性のよいセイロンシナモン、スターアニス、クローブの3種のスパイスで甘みと温かみをプラス。秋の夜長にぴったりです。

//

セイロンティーを楽しむ食材

紅茶は何百種類もの香りが混ざり合っているため、さまざまなフードとの相性が抜群。季節や気分に合わせた組み合わせを見つけましょう。

with Fruits
フルーツ

選び方のポイント

- ☑ 香りがよいもの
- ☑ 旬のもの
- ☑ 完熟手前のもの

紅茶の香りを表現するとき、「フルーティー」という言葉をよく使います。それほど、紅茶とフルーツの香りは近く、相性も抜群。また、旬のフルーツを合わせたアレンジティーは、季節を感じる贅沢なティータイムを演出します。

いちご

甘みが強く、果汁がたっぷりあって、果肉が赤い品種がおすすめ。キャンディーやディンブラをベースにしたフルーツティーに入れると、色合いも味わいも華やかに (p.161参照)。いちごをジャムにして (p.163参照) 紅茶に入れるなら、ディンブラやサバラガムワがおすすめです。甘ずっぱいデザートティーが楽しめます。

おすすめの茶葉：ディンブラ、キャンディー、サバラガムワ

りんご

華やかな香りと甘みが強いものを選びましょう。スライスしてグラニュー糖を少しかけ、果汁ごと紅茶に入れると、ウダプッセラワはりんごの香りが前面に、ディンブラはりんごの香りとともに紅茶のコクも楽しめます。キャンディーをベースにしたフルーツティーにも。りんごの甘みは、時間とともに紅茶に移るので、味の変化も楽しめます。

おすすめの茶葉：ウダプッセラワ、ディンブラ、キャンディー

レモン

ホットティーには輪切りを浮かべ、香りを移したら皮の苦みが出る前にさっと引き上げましょう。ヌワラエリヤは紅茶の色が薄く、味もさっぱりしたレモンティーに。水出しアイスティーにはレモンの砂糖漬けのシロップが合います。ディンブラのホットティーは、グラニュー糖を少し入れると昔ながらのレモンティーに。水出しアイスティーに皮を入れると、手軽にアイスレモンティーができます。

おすすめの茶葉：ヌワラエリヤ、ディンブラ

● **レモンの砂糖漬けの作り方**

1個分のレモンを5mmほどの輪切りにし、密閉容器に100g分のグラニュー糖と交互に重ね入れ、冷蔵室で保存。途中何度かかき混ぜ、果汁に砂糖がとけて、透明なシロップになったら、でき上がり。

● **水出しアイスレモンティーの作り方**

レモン1/4個分の果肉と白いわたをとり除く。ポットに水500mLとお茶パックに入れたディンブラの茶葉5gとレモンの皮を入れ、冷蔵室でひと晩抽出する。

ぶどう（マスカット系）

紅茶といっしょに蒸らすのではなく、アイスティーに入れて紅茶といっしょに食べるのがおすすめです。特に、ヌワラエリヤの水出しアイスティーのさわやかな味わいとの相性はとてもよく、見た目にも淡い水色(すいしょく)のアイスティーにぶどうのグリーンが映えます。

おすすめの茶葉：ヌワラエリヤ

ぶどう（巨峰系）

茶葉といっしょに蒸らすときは皮まわりの甘みを抽出するため、皮ごと入れます。巨峰の皮と実を赤ワインとグラニュー糖で軽く煮た赤ワイン煮は紅茶とのなじみがよく、サバラガムワは紅茶の味に深みが加わります。また、赤ワインとの相性もよいルフナに合わせると、秋にぴったりの紅茶に。

おすすめの茶葉：サバラガムワ、ルフナ

パイナップル

ディンブラやキャンディーをベースにしたフルーツティーに入れると、甘みにもなるほか、濃い黄色が華やかさをプラス。また、コクのあるディンブラやサバラガムワのアイスティーとパイナップルの濃厚な甘みは相性が抜群。

おすすめの茶葉：ウバ、ディンブラ、キャンディー、サバラガムワ

オレンジ

紅茶に輪切りを浮かべると、濃厚な甘い香りと華やかさが楽しめます。紅茶はコクのあるディンブラやサバラガムワがおすすめ。酸味が気になる場合はグラニュー糖を加えても。また、グラスに少し甘みをつけたオレンジジュース、氷、アイスティーの順でいれると、美しいアイスティーに。

おすすめの茶葉：ディンブラ、サバラガムワ

桃

桃を紅茶に入れるときは、果肉がくずれにくい完熟前のものを水とグラニュー糖で軽く煮てコンポートにします。ウダプッセラワや、キャンディーのやさしい味わいの紅茶に桃の果肉とシロップを入れると、いっそう桃の香りが広がるフルーツティーになります（p.168参照）。

おすすめの茶葉：ウダプッセラワ、キャンディー

グレープフルーツ

ホットティーならメントールの風味のあるウバがおすすめ。いちょう切りにカットしたグレープフルーツを浮かべ、グラニュー糖を少し加えます。アイスティーはグレープフルーツ果汁に甘みをつけてディンブラと合わせると、さわやかな夏向きのアレンジティーになります。

おすすめの茶葉：ヌワラエリヤ、ウバ、ディンブラ

金柑

皮に風味がある柑橘なので、紅茶に合わせる場合はコンポートにします（p.162参照）。紅茶にはやわらかくなった皮や果肉といっしょに、金柑の香りがついたシロップをたっぷり入れます。ウダプッセラワのやさしいモルティーな風味が、金柑の皮に残る苦みとうまく調和します。

おすすめの茶葉：ウダプッセラワ、キャンディー

●フルーツの使い方のコツ

フルーツにはあらかじめグラニュー糖を振りかけておきます。これは単に甘みをつけるだけではなく、浸透圧により果汁が外に出るのを促し、紅茶とフルーツの味わいをなじみやすくするためです。また、コンポートやジャムにすると、手軽に紅茶に合わせることができます。

with Herbs
ハーブ

紅茶とハーブを合わせると、ハーブティーとはひと味違った紅茶を楽しめます。香りの異なる数種類のハーブをブレンドするのも楽しみ方のひとつ。

紅茶と相性のよいハーブと使い方

茶葉の量は産地によって異なりますが、基本的にはストレートティーをいれる量より茶葉を減らして、その分ハーブを足します。茶葉とハーブを7：3または6：4くらいの割合で合わせてみましょう。下記の使い方は熱湯300mL（ティーカップ2杯分）の分量です。蒸らし時間は茶葉のパッケージの表示に合わせます。

レモングラス

レモン系のハーブの代表。グリニッシュなヌワラエリヤと合わせると、ハーブティーに近い味わいになります。ウダプッセラワやキャンディーのやさしい味わいは、レモングラスのレモンの香りを引き立てます。ハーブの量は1.5gが目安です。

おすすめの茶葉：ヌワラエリヤ、ウダプッセラワ、ウバ、キャンディー

レモンバーベナ

レモンのようなさわやかな香りとほのかな甘みが特徴。ウダプッセラワやキャンディーに合わせると、特徴が前面に感じられます。一方、コクのあるディンブラに合わせると、レモンティーに近い味わいに。ハーブの量は1～1.5gが目安です。

おすすめの茶葉：ヌワラエリヤ、ウダプッセラワ、ディンブラ、キャンディー

ジャーマンカモミール

りんごのような香りと甘い風味を生かすには、ウダプッセラワやキャンディーがおすすめ。特に、ウダプッセラワのやわらかいモルティーな風味にピッタリ。ストレートティーのハーブの分量は1.5g。ミルクティーはディンブラの茶葉とカモミールを2倍にして、きび糖を少し加えます。

おすすめの茶葉：ウダプッセラワ、ディンブラ、キャンディー

ペパーミント

爽快な香りはクオリティーシーズンのウバのメントール香にぴったり。茶葉の量と蒸らし時間を少し減らしてライトに仕上げます。ハーブの量は0.5g。水出しの場合はハーブを少し多めにして、茶葉とハーブを2：1で合わせます。ミルクティーにするなら茶葉とハーブを多めにします。

おすすめの茶葉：ヌワラエリヤ、ウバ、ディンブラ

おすすめのブレンド　数種類ブレンドすると、さらに奥行きのある香りが楽しめます。

**すっきりリフレッシュ
したいとき**

さわやかな飲み心地のヌワラエリヤをベースに、柑橘系やミントのハーブをブレンド。

**甘い香りでリラックス
したいとき**

フルーティーな甘みのあるキャンディーをベースに、香りの豊かなハーブをブレンド。

疲れと夏バテ改善に

コクと甘みのあるサバラガムワをベースに、酸味が心地よいハイビスカスをブレンド。

ハイビスカス

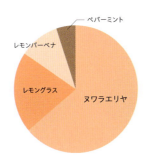

酸味が強いハイビスカスには、はちみつのような甘みを感じるサバラガムワがぴったり。酸味が気になる場合は、はちみつやグラニュー糖などで甘みを加えます。透明感のある赤色が映える、ガラスのティーカップで飲むのがおすすめ。ハーブの分量は1gが目安です。

おすすめの茶葉：サバラガムワ、ルフナ

ローズレッド

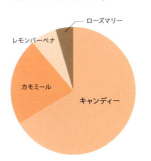

ウダプッセラワのメロウな味わいは、ローズの華やかな香りを引き立たせます。コクのあるルフナは少し多めのローズレッドと合わせると、奥行きが感じられるローズティーに。少し苦みがあるので、合わせる紅茶によってバランスを調整します。ハーブの分量は1～1.5gが目安です。

おすすめの茶葉：ウダプッセラワ、サバラガムワ、ルフナ

エルダーフラワー

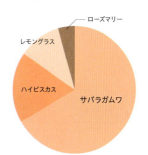

ウダプッセラワに合わせると、マスカットのような香りが漂います。ハーブの分量は1g。エルダーフラワーを砂糖と水で煮詰めてつくったシロップ（コーディアル）を合わせるのもおすすめ。その際は、ヌワラエリヤの水出しアイスティーとコーディアル（p.173参照）の比率は4：1が目安です。

おすすめの茶葉：ヌワラエリヤ、ウダプッセラワ、キャンディー

ローズマリー

清涼感のある香りは、レモンやミント系のハーブとの相性がよく、ジャーマンカモミールにほんの少し加えるだけで引き締まったブレンドに。甘いアイスティーにフレッシュローズマリーをトッピングすると、シャープな印象に仕上がります。ハーブの分量はひとつまみが目安です。

おすすめの茶葉：ヌワラエリヤ、ウバ、ディンブラ

with Spices
スパイス

スリランカではジンジャーティーをよく飲みます。それ以外でも、セイロンティーとスパイスの相性は抜群、ぜひお試しください。

紅茶と相性のよいスパイスと使い方

スパイスは大きく分け、3種類の香りがあります。甘い香り、さわやかな香り、シャープな香り（辛み）。これらのよさを引き出すセイロンティーとブレンドし、おいしいスパイスティーに仕上げます。茶葉の分量はストレートティーより少し減らし、熱湯は300mL。蒸らし時間は茶葉のパッケージ表示に合わせます。

セイロンシナモン

上品な甘い香りは、紅茶との相性が抜群です。セイロンシナモン1.5g（3〜4cm）を手で割り砕いて、茶葉といっしょに蒸らします。ミルクティーの場合はディンブラとシナモンを2倍の量で。チャイにはルフナCTCがぴったり。

おすすめの茶葉：ディンブラ、サバラガムワ、ルフナ、ルフナCTC（ミルクティー）

カルダモン

清涼感のある上品でスパイシーな香りは、ホットティーにもアイスティーにも合います。カルダモン0.5g（2粒）のさやを割り、そのまま茶葉といっしょに蒸らします。苦みが出ないよう、蒸らし時間は短めに。ヌワラエリヤやクオリティーシーズンのウバなどのさわやかな紅茶がおすすめ。

おすすめの茶葉：ヌワラエリヤ、ウバ、ディンブラ

ジンジャー（しょうが）

ストレートティーは、生のしょうがを5gをスライスしてから手でちぎり、茶葉といっしょに蒸らします。サバラガムワやキャンディーの甘い紅茶は、辛みをうまく包みます。ミルクティーはディンブラの茶葉を2倍にし、おろししょうがを入れて長めに蒸らし、きび糖を入れます。

おすすめの茶葉：ディンブラ、キャンディー、サバラガムワ

クローブ

独特の深い、甘い香りが特徴。クローブ0.5g（5個）はホールのまま茶葉といっしょに蒸らします。柑橘との相性もよく、オレンジのスライスに刺してサバラガムワに入れても。マサラチャイ（p.149参照）にも欠かせないスパイスです。

おすすめの茶葉：ウダプッセラワ、キャンディー、サバラガムワ、ルフナ、ルフナCTC（ミルクティー）

おすすめのブレンド

数種類ブレンドすると、さらに奥行きのある風味が楽しめます。

王道のスパイスティー

ストレートティーでも、濃くいれてミルクティーにしても楽しめるブレンド。

- しょうが
- クローブ
- カルダモン
- セイロンシナモン
- ルフナ

リラックスしたいとき

スターアニスとセイロンシナモンの香りが心地よいオリエンタル風味のブレンド。

- スターアニス
- セイロンシナモン
- ウダプッセラワ

リフレッシュしたいとき

カルダモンのシャープなさわやかさを、柑橘の香るコリアンダーがやさしく包むブレンド。

- カルダモン
- コリアンダー
- ヌワラエリヤ

スターアニス

オリエンタルな甘い香りが特徴で、八角ともいわれます。0.4g（2片）を茶葉といっしょに蒸らします。ウダプッセラワやルフナのモルティーな風味がその香りを引き立てます（p.162、p.169参照）。香りが強いので、ホールで使う場合はあとから加え、香りが移ったらすぐにとり出します。

おすすめの茶葉：ウダプッセラワ、ルフナ

コリアンダー

パクチーの種の部分で、柑橘系の香り。1g（小さじ1/2）をすりつぶして、茶葉といっしょに蒸らします。ヌワラエリヤに合わせると、お互いの柑橘の香りが高まります。また、乾煎りしてからサバラガムワやキャンディーに合わせると、香ばしい香りが立ち、ほうじ茶のような味わいに。

おすすめの茶葉：ヌワラエリヤ、キャンディー、サバラガムワ

フェヌグリーク

あらかじめ弱火で黄土色から茶色になるまで乾煎りし、甘い香りを出してから使います。フェヌグリーク小さじ1/2を茶葉に加え、チャイの要領で煮込みます（p.148）。ルフナCTCのナッツ風味の紅茶との相性がよく、きび糖を入れるとキャラメルミルクティーのような味わいが楽しめます。

おすすめの茶葉：ルフナCTC

● フェヌグリークって？

マメ科の植物で、種子を乾燥させたもの。じっくり火を通すと、メープルシロップのような甘い香りがします。スリランカの家庭ではカレーに使われ、飲み物に使うことはあまりありませんが、その甘い香りはミルクティーと相性がよいです。

with Alcohol
アルコール

紅茶とアルコール類は相性がよく、合わせるだけで簡単にホットティーカクテルに。アイスティーには、炭酸やフルーツを加えて。

ティーカクテル　おすすめ味わいチャート

おすすめの飲み方：ホット／アイス

- 炭酸出しヌワラエリヤ + スパークリングワイン　1:2
- 水出しディンブラ + 麦焼酎　3:1
- ウダプッセラワ + ブランデー　小さじ2
- 炭酸出しサバラガムワ + アラック　5:1
- キャンディー + ラム酒　小さじ2
- 炭酸出しヌワラエリヤ + リモンチェッロ　4:1
- ウバ + 梅酒　大さじ1
- ルフナ + 赤ワイン　大さじ1

軸：軽やか ⇔ コク、すっきりした、キレのある香り ⇔ フルーティーな香り

ブランデー

ホットティー1杯にブランデーは小さじ2。ウダプッセラワに加えると、ブランデーの華やかな香りが紅茶のモルティーさに重なり、互いを引き立てます。香ばしいルフナは、オーク樽の香りがあるブランデーとの相性が◎。

おすすめの茶葉：ウダプッセラワ、キャンディー、サバラガムワ、ルフナ

白ワイン（スパークリングワイン）

炭酸出しアイスティーとスパークリングワインを1：2を目安に、好みの分量で合わせると低アルコールのカクテルに仕上がります。ヌワラエリヤのレモン風味を生かし、シュガーシロップやレモンスライスを加えてもおいしく、ウェルカムドリンクにぴったりです。

おすすめの茶葉：ヌワラエリヤ

赤ワイン

ホットティーカップ1杯に赤ワイン大さじ1、グラニュー糖小さじ2を加えると、低アルコールのホットワインに。赤ワインの熟成感にルフナの深みが加わり、砂糖の甘さでまろやかな飲み心地になります。フルーツやスパイスと合わせるモルドワインティーもおすすめです（p.179参照）。

おすすめの茶葉：ルフナ

焼酎（麦）

水出しアイスティー（または炭酸出しアイスティー）と焼酎の割合は3：1。ディンブラに合わせると、華やかでコクのあるアイスティーのあとに、麦焼酎のやさしい香りが広がります。ヌワラエリヤと合わせると、焼酎の味を感じつつもさわやかな飲み心地。

おすすめの茶葉：ヌワラエリヤ、ディンブラ

アラック

ホットで楽しむ場合
ティーカップ1杯にアラックを小さじ2。アラックのフルーティーな甘い香りが広がります。

おすすめの茶葉：ディンブラ、キャンディー、サバラガムワ

アイスで楽しむ場合
炭酸出しアイスティーとアラックを5：1の割合で。ライムを加えるとさわやかさがプラスされ、南国の雰囲気が漂います。

おすすめの茶葉：ディンブラ、サバラガムワ

● **アラックって？**
スリランカのアラックはココヤシの花房から採った樹液に水を加えて、木の樽で熟成させた蒸留酒。ほんのりライチのような香りがあり、さらっとした飲み心地が特徴です。

ラム酒

ホットで楽しむ場合
ティーカップ1杯にラム酒小さじ2。揮発して香りが広がります。グラニュー糖小さじ1を加えると、紅茶とラム酒がうまくつながります。

おすすめの茶葉：
ウダプッセラワ、ディンブラ、キャンディー、ルフナ

アイスで楽しむ場合
水出しアイスティーとラム酒を5：1の割合で。ウッディーなコクのディンブラに、炭酸水、甘み、フルーツを加えれば、夏のティーカクテルとしても楽しめます（p.172参照）。

おすすめの茶葉：ディンブラ

リモンチェッロ

ホットで楽しむ場合
ティーカップ1杯にリモンチェッロを小さじ1。紅茶のさわやかさにレモンの風味が見事に調和します。

おすすめの茶葉：ヌワラエリヤ、ウバ、ディンブラ

アイスで楽しむ場合
炭酸出しアイスティーとリモンチェッロを4：1の割合で。レモンを飾ると、さわやかなティーカクテルに仕上がります。

おすすめの茶葉：ヌワラエリヤ、ディンブラ

梅酒

ホットで楽しむ場合
ティーカップ1杯に梅酒大さじ1。きび糖大さじ1を加えると、まろやかに。

おすすめの茶葉：ウダプッセラワ、ウバ、ディンブラ

アイスで楽しむ場合
炭酸出しアイスティーと梅酒を2：1の割合で。甘ずっぱさとディンブラのコクが合わさってマイルドになり、香りの余韻も楽しめます。

おすすめの茶葉：ディンブラ

ひと口メモ
アルコール類はメーカーにより、風味や甘みなどが異なります。まずはふだん飲み慣れている好きなお酒に合わせてみてください。また、紅茶とお酒の割合も好みしだい。ぜひ、自分の好みのお酒と配合を見つけて楽しんでください。

with Sweetness
甘み

単に甘みをつけるだけではなく、コクを出したり、フルーツを引き立てたりする役割も。はちみつやメープルシロップを使うと簡単にアレンジティーが楽しめます。

甘みの指標

甘みの指標は、甘み度（甘みを感じる度合い）や糖度など、さまざまな形であらわすことができますが、実際に紅茶に加えたときにどう感じるかは、紅茶の香りやコクなどの要素が組み合わさることで異なります。ここでは、ディンブラ紅茶100mLに小さじ1ずつ加えた際の甘みの感じ方を示しています。これは、ほかの紅茶との相性を考える際の目安にもなります。

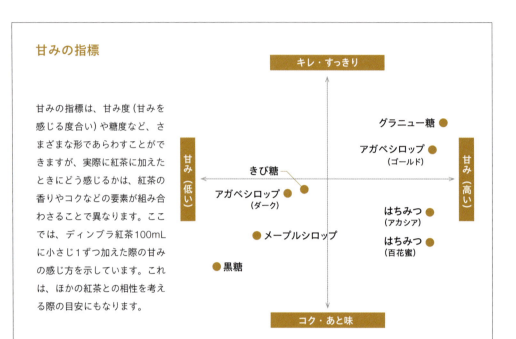

グラニュー糖

クセがなく、すっきりとした甘みが特徴です。また、甘み度が強いため、少量でもしっかりと甘さを感じられます。色や香りがつかないため、ストレートティーに最適。紅茶本来の色や香り、味わいを損なうことなく、自然な甘みを加えることができます。さらに、フルーツティーをつくる際には、果物にあらかじめグラニュー糖をまぶしておくことで、浸透圧の働きにより果汁が引き出され、紅茶に加えるとフルーツの香りがより豊かに広がります（p.151参照）。また、上白糖はそのコクのある甘みが、紅茶の香りをわかりにくくするため、繊細な味わいを楽しむ場合にはおすすめしません。

きび糖

ミネラル分を残して精製しているため、色は少し茶色。白砂糖にくらべて甘みがまろやかで、ほどよいコクもあり、味わいに余韻が長く続くのが特徴です。メーカーによって製造方法や名称は異なります。ミルクティーやチャイに特に適していて、ミルクと茶葉をしっかりとつなぎ、深みのある味わいに仕上げます。チャイに少し加えると、スパイスや茶葉の風味に奥行きが生まれ、味わいがさらに豊かに。スパイスの香りを引き立て、全体をまろやかにまとめるきび糖は、自然な甘みで満足感のある一杯に仕上げます。甘さが控えめなので、ふだん紅茶に砂糖を入れないかたにもおすすめです。

スリランカで親しまれている甘み

スリランカで甘みといえば、「キトゥルパニ」と「ジャガリ」。

キトゥルパニとはクジャク椰子の花の蜜を集めて、ゆっくりと時間をかけて煮詰めてつくったシロップです。メープルシロップのようなとろみがあり、スリランカの人々が毎日のように食べるカードという水牛のヨーグルトには欠かせません。街中の商店でははかり売りをしているところもあり、容器持参で買い求めます。

このキトゥルパニをさらに煮詰め、水分を飛ばして塊にしたものが、ジャガリです。色も味も少し黒糖に似ていますが、食感はじゃりっとしています。スリランカでは、カハタ（p.183参照）を飲みながらジャガリをかじります。また、食後の定番デザートのワタラパンをつくるのにも欠かせません。コクのある味わいは、ジャガリならではのものです。

黒糖

精製されていないため、ミネラルが含まれており濃い茶色で、独特の甘く香ばしい香りが特徴です。紅茶に使う際は、とけやすい粉末タイプがおすすめです。相性のよい紅茶は、ルフナのストレートティー。ルフナには黒糖のような香りの成分があるため、味わいをさらに深めてくれます。水色（すいしょく）も少し黒みがかっているので、黒糖を入れても色の変化はあまり気になりません。また、ルフナCTCのミルクティーに加えるとリッチな味わいになります。ホットでもアイスでもおいしい、アレンジミルクティーです。意外に甘みは強くないので、たっぷり入れて香りを存分に楽しみましょう。

はちみつ

独特の甘い香りで、加えるだけで簡単にアレンジティーが楽しめます。鉄分が含まれているため、紅茶のタンニンと反応して黒ずむことがあります。紅茶に合うのは「アカシア」と「百花蜜」。特に「アカシア」はすっきりした香りと上品な甘さが特徴で、少し多めに入れるとよいでしょう。相性のよい紅茶は、サバラガムワのストレートティー。はちみつの甘みとコクが特徴のサバラガムワに、アカシアのすっきりした甘みがうまくとけ込みます。「百花蜜」は、濃厚な香りと味わいが特徴。ディンブラDust1のミルクティーにおすすめで、甘すぎないはちみつミルクティーが楽しめます。

メープルシロップ

主にカナダで採取されるサトウカエデの樹液を煮詰めたもので、採取時期により4つのグレードに分かれています。そのなかでも、メープルシロップらしい甘さを味わうなら「アンバー」がおすすめ。琥珀色で、香ばしく、かすかなほろ苦さが特徴です。相性のよい紅茶は、サバラガムワCTCのミルクティー。カフェオレのような香ばしさとほんのりした甘み、ほろ苦さがメープルシロップと絶妙にマッチして、香り高く甘いミルクティーになります。また、メープルシロップをたっぷりかけたパンケーキと、甘みを加えないサバラガムワCTCのミルクティーとの、フードペアリングもおすすめです。

アガベシロップ

アガベシロップは、メキシコ原産のアガベという植物から採取される甘味料で、低GI*で健康志向のかたに注目されている、ヘルシーな甘みです。ホットティーだけでなく、冷たいアイスティーに甘みを加えるのに最適です。グラニュー糖のような甘さはありますが、すっきりしているため、それほど甘みを強く感じません。アガベシロップは2種類に分類されますが、「ゴールド」はクセがなくライトな味わいで、どの紅茶とも相性がよいです。一方、「ダーク」は黒糖のような風味があり、特に濃厚なルフナCTCのミルクティーにぴったりです。

*低GI…摂取時の血糖値の上昇がゆるやかになります。

Creative Recipes

with MITSUTEA's Tea

MITSUTEAの紅茶でつくる
アレンジティーレシピ

セイロンティーの産地ごとに異なる香りや味わいは、アレンジするとさらに楽しみが広がります。それぞれのレシピは、産地の味わいと食材の相性を追求してつくっています。ぜひ、セイロンティーならではの茶葉の特徴を生かしたアレンジティーをお試しください。

レシピで使う茶葉について

レシピはMITSUTEAのシングルオリジンティーを使っています。同じ産地や茶園であっても、その茶葉ごとに分量と抽出時間は異なります。そのためレシピでは、詳細な蒸らし時間などは記述していません。お手元にある茶葉のパッケージに記載された時間を参考に、手軽につくってみてください。

MITSUTEAのティーバッグについて

MITSUTEAのティーバッグの茶葉の量は、基本的にはストレートティー向きの分量（2g前後）ですが、ミルクティー向きのCTC茶葉の量は多めです（4g前後）。また通常、ティーバッグは絞らないでとり出しますが、ミルクティーのレシピは、牛乳の量が多く、甘みをつけているため、あえて絞って濃い茶液を抽出します。

Spring Fruit Tea
春のフルーツティー

〈材料〉(2杯分)
茶葉(キャンディー)………… ティーバッグ2個
熱湯………………………… 300mL
フルーツ…………………… 合計80g
　りんご(いちょう切り)……… 4切れ (30g)
　パイナップル(いちょう切り) 4切れ (20g)
　オレンジ(いちょう切り)…… 4切れ (15g)
　いちご(1個を半分にカット)… 4切れ (15g)
グラニュー糖……………… 小さじ2

1　フルーツはグラニュー糖をまぶして10分おく。
2　温めておいたポットに熱湯を注いで、ティーバッグを入れ、ふたをして蒸らす。
3　ティーバッグをとり出し、1のフルーツを入れる。
4　キャンドルウォーマーなどで5～10分温めながら、フルーツとなじませる。または、電子レンジ(500W)に1分かける。
5　カップに紅茶とフルーツを入れる。

> **Notes**
> キャンディーはフルーツの味と香りが引き立ち、紅茶のやさしい風味があとから広がります。ディンブラにすると、紅茶の味が前面に出て、あとにフルーツの味と香りが漂います。また、白ワイン小さじ1を3で加えると、きりっとしたさわやかな風味が加わります。

Kandy

Tea with Kumquat and Star Anise

金柑とスターアニスの紅茶

〈材料〉(1杯分)
茶葉(ウダプッセラワ)………… ティーバッグ1個
熱湯……………………… 150mL
金柑のシロップ(下記参照)… 大さじ1½
金柑の実(下記参照)………… 2〜3個

金柑のコンポート

〈材料〉(5杯分)
金柑　100g
A ┌ スターアニス……… 2個
　├ クローブ…………… 5個
　├ グラニュー糖……… 30g
　├ 白ワイン…………… 50mL
　└ 水…………………… 50mL

1　温めたカップに熱湯を注いでティーバッグを入れ、ふたをして蒸らす。
2　ティーバッグをとり出し、金柑のシロップと金柑の実を入れる。

1　金柑を半分にカットし、種をとり出す。
2　鍋にAを入れて中火にかけ、グラニュー糖がとけたら1を加え、弱火で10分煮て火を止め、そのまま冷ます。
3　煮沸消毒した容器にシロップごと入れてあら熱をとり、冷蔵室へ。保存期間は5日間。

Uda Pussellawa

Marshmallow
Strawberry Milk Tea

マシュマロ
いちごミルクティー

〈材料〉（1杯分）

茶葉 (ディンブラ)	ティーバッグ2個
熱湯	100mL
牛乳	100mL
グラニュー糖	小さじ1
いちごジャム	小さじ2
ホワイトマシュマロ	2個
いちご (輪切り)	2切れ

フォームミルクの作り方
牛乳50mLを電子レンジ(500W)で30秒加熱し、ミルクフロッサーで30秒泡立てる。カップにフォームミルクをふんわりのせ、軽くスプーンで全体を混ぜる。

1 温めたカップに熱湯を注いでティーバッグを入れ、ふたをして蒸らす。

2 大きめのマグカップに牛乳とグラニュー糖を入れ、電子レンジ(500W)に50秒かける。

3 ティーバッグを絞ってとり出し、カップに2の牛乳の半量を注いで軽く混ぜる。

4 マグカップの残りの牛乳でフォームミルクをつくる（左参照）。

5 3のカップにいちごジャム、4のフォームミルクを加えて、半分にカットしたマシュマロをのせ、電子レンジ(500W)に10秒かける。

6 いちごを飾る。

いちごジャムの作り方
耐熱皿にいちご（大きめ）1個を入れてしっかりつぶし、グラニュー糖小さじ2を加え、電子レンジ(500W)に1分～1分30秒かける。いちごは「あまおう」がおすすめ。きれいな赤色のジャムができる。

Dimbula

Sakura Tea

桜紅茶

〈材料〉(1杯分)
茶葉(ヌワラエリヤ)……… ティーバッグ1個
熱湯……………………… 150mL
桜花の塩漬け …………… 1個

準備
・飾り用の桜の花をつくる (下記参照)。

1　温めたカップに熱湯を注いでティーバッグを入れ、ふたをして蒸らす。
2　ティーバッグをとり出し、桜の花を浮かべる。

飾り桜の作り方
桜花の塩漬け1個を水で洗い、キッチンペーパーの間にはさみ、水けをしっかりとる。電子レンジ(500W)で20秒、ひっくり返してさらに20秒かける。しっかり乾かし、花を咲かせる。

Nuwara Eliya

Sakura Royal Milk Tea

桜ロイヤルミルクティー

〈材料〉(1杯分)

茶葉 (サバラガムワCTC)	ティーバッグ1個
熱湯	100mL
桜花の塩漬け	3個
牛乳	80mL
きび糖	小さじ1

準備

・桜花の塩漬け2個を塩けを残す程度にさっと洗い、キッチンペーパーで水けをふく。1個は飾り用に花を咲かせる(左ページ参照)。

1 温めた耐熱カップに熱湯を注いでティーバッグと桜花の塩漬けを2個入れ、ふたをして4分蒸らす。
2 大きめのマグカップに牛乳ときび糖を入れ、電子レンジ(500W)に50秒かける。
3 ティーバッグを絞り、桜の花とともに引き上げ、2のうち半分をカップへ注ぎ、よく混ぜる。
4 残りでフォームミルクをつくる(p.163参照)。
5 カップにフォームミルクを浮かべ、桜の花を飾る。

Notes

甘く香ばしいサバラガムワCTCのミルクティーに、桜花の塩漬けが塩味を加え、絶妙な味わいに。ストレートティーで飲む桜紅茶は香りを楽しみますが、ミルクティーに合わせると桜の香りに加えて、塩けがよいアクセントとなりさらに深い風味が広がります。

Sabaragamuwa

Citrus Tea

シトラスティー

〈材料〉（2杯分）
茶葉 (ヌワラエリヤ) ·················· 2g
レモンバーベナ ··················· 小さじ1強
レモングラス ····················· 小さじ1
レモンピール ····················· ひとつまみ
熱湯 ··························· 300mL

1 温めたポットに茶葉とレモンバーベナ、レモングラス、レモンピールを入れて熱湯を注ぎ、ふたをして蒸らす。
2 セカンドポットとティーカップを温める。
3 1をセカンドポットに、茶こしを使って移しかえる。
4 カップに注ぐ。

Notes

ヌワラエリヤの若々しい味わいに、レモン系ハーブ3種をブレンド。ハーブの香りをのせた、透き通るような味わいの紅茶です。ひと口飲むと、シトラスの香りが広がり、ハーブガーデンにいるようなさわやかな風を感じます。水出しにするのもおすすめ。

Nuwara Eliya

Mint Milk Tea

ミントミルクティー

〈材料〉(2杯分)
茶葉(ウバ) ……………… 5g
ペパーミント(ドライ) …………… 小さじ1
熱湯 ………………………… 300mL
牛乳 ………………………… 30〜40mL
　　　　　　　　　　(好みの分量で)

1　温めたポットに茶葉とペパーミントを入れて熱湯を注ぎ、ふたをして蒸らす。
2　セカンドポットとティーカップを温める。
3　牛乳を入れたセカンドポットに、1を茶こしを使って移しかえる。
4　カップに注ぐ。

Notes

ウバのさわやかなミルクティーに、さらにペパーミントをプラスして清涼感をアップ。ミルクティーですが、蒸らし時間も短めにしてすっきりと仕上げます。ホワイトチョコを削って入れると、チョコミントミルクティーのアレンジにもなります。

Peach Sparkling Iced Tea

桃のスパークリング アイスティー

〈材料〉(1杯分)
- 水出しアイスティー (ウダプッセラワ)……40mL
- 桃のコンポートシロップ (下記参照)……40mL
- 炭酸水 (無糖)……80mL
- 桃のコンポート (下記参照)……適量
- 氷……適量

1. グラスに桃のコンポートシロップを入れる。
2. 氷を入れ、アイスティーを氷にあてるように静かに注ぐ。
3. 炭酸水を注ぐ。
4. 桃のコンポートをトッピングする。

桃のコンポート

〈材料〉(つくりやすい分量)
- 桃……2個 (約320g)
- 水……320mL
  - または 水200mL + 白ワイン120mL……320mL
- グラニュー糖……80g
- レモン果汁……5mL
- 茶葉 (ウダプッセラワ)……1g

準備
- 桃は皮つきのまま半分に切り、種をとる。
- お茶パックに茶葉を入れる。

1. 鍋に水とグラニュー糖を入れて中火にかけ、沸騰したら火を止める。
2. 桃を加えて落としぶたをし、弱火で6分煮る。
3. ひっくり返してお茶パックに入れた茶葉、レモン果汁を加え、さらに2分煮る。
4. お茶パックをとり出し、桃の皮をむいて耐熱容器にシロップといっしょに入れてあら熱をとり、冷蔵室へ。保存期間は5日間。

Notes
ウダプッセラワのちょっぴりモルティーさを含んだ花を思わせる香りは、桃のフルーティーな香りによく合います。

Uda Pussellawa

Craft Tea Cola

クラフトティーコーラ

〈材料〉(1杯分)
クラフトティーコーラシロップ(下記参照) 40mL
炭酸水(無糖)……………… 100mL
レモンスライス …………… 1枚
氷……………………………… 適量

1 グラスにクラフトティーコーラシロップ、氷、炭酸水の順に入れ、レモンスライスをのせる。
2 飲むときは全体をよく混ぜる。

クラフトティーコーラシロップ

〈材料〉(でき上がり350〜380mL)
茶葉(ルフナ)……………… ティーバッグ2個
水……………………………… 300mL
セイロンシナモン(10cm) …… 2本
クローブ……………………… 40個
バニラビーンズ ……………… 1/4本(4cm)
　またはバニラオイル ……… 5滴
スターアニス ………………… 1個
カルダモン …………………… 8〜9個
きび糖………………………… 150g
デーツまたはプルーン ……… 1個(種をとる)
レモン(スライス) …………… 2切れ

準備
・セイロンシナモン、カルダモンを半分にカットする。

1 鍋に材料をすべて入れて強火にかけ、沸いたら弱火にして8分煮る。途中でアクをとる。
2 火を止め、ティーバッグとレモンをとり出す。
3 あら熱がとれたら煮沸消毒した瓶に移しかえて冷蔵室に保存。スパイスは瓶に入れたまま使えるが、3日目にすべてとり出す。保存期間は2週間。
　*デーツはとり出して食べられる。
　*バニラオイルを使用する場合は、2で火を止めてから加える。

Ruhuna

Watermelon Mint Tea Squash

すいかの
ミントティースカッシュ

〈材料〉(4杯分)
- 茶葉 (ディンブラ) ……………… 4g
- ペパーミント (ドライ) …………… 2g
- 炭酸水 (無糖・ペットボトル) ……… 1本 (500mL)
- すいか……………………………… 適量
- ミント……………………………… 適量
- ティーシロップまたはアガベシロップ
  ……………………………… 好みで

1. お茶パックに茶葉とペパーミントを入れる。
2. 炭酸水を50mL減らしたペットボトルに1を入れ、冷蔵室に5時間入れて抽出する。
3. グラスに丸くくりぬいたすいかを入れて2を注ぎ、ミントを飾る。好みでティーシロップやアガベシロップで甘みをつけるとよい。

Notes

ミントティーを炭酸水で抽出することで、すっきりしたドライな味わいのティースカッシュになります。すいかはミントの爽快感とのバランスがよく、果実のなかに炭酸が入るとしゅわしゅわな食感が楽しめます。

Dimbula

Tea Jelly
ティーゼリー

〈材料〉(型12×16cmのバット)

茶葉(ディンブラ)	5g
熱湯	320mL
グラニュー糖	30g
粉ゼラチン	5g
バニラアイス	適量
ミント	好みで

Notes

茶葉はディンブラを使うことにより透明感のある琥珀色の紅茶ゼリーができ、紅茶らしい風味とコクを味わえます。市販の粉ゼラチン1gに対して紅茶液60mLの割合がかたすぎず、ぷるっとした食感になります。甘さ控えめのレシピなので、バニラアイスクリームやホイップクリーム、季節のフルーツなどを好みで添えてお召し上がりください。

1 温めたポットに茶葉を入れ、熱湯を注いで蒸らす。
2 ボウルに茶こしを使って紅茶液を300mL入れ、グラニュー糖を加えてとかす。紅茶液が300mL未満の場合は湯を加える。
3 氷水の入ったボウルにあてて温度が50〜60℃に下がったらいったんボウルをはずして粉ゼラチンを振り入れ、混ぜてとかす。
4 再度、氷の入ったボウルにあてながら、5分混ぜる。
5 バットなどの容器に流し入れ、冷蔵室で2時間以上冷やし固める。
6 器に入れ、バニラアイスを添え、好みでミントを飾る。

Dimbula

Rum Tea Cocktail

ラム酒ティーカクテル

〈材料〉（1杯分）
水出しアイスティー（ディンブラ）……… 100mL
ジンジャーエール ………………… 50mL
ダークラム酒 ……………………… 10mL
ライム（スライス）………………… 1枚
氷 …………………………………… 適量

1　氷を入れたグラスにアイスティー、ジンジャーエール、ラム酒を注ぎ、よく混ぜる。
2　仕上げにライムを添える。

> **Notes**
> ディンブラのアイスティーはラム酒のカラメル風味が加わると、さらにコクのある味わいに。ジンジャーエールとライムの柑橘系の香りがアクセントになる、夏におすすめのさっぱりとしたティーカクテルです。

Elderflower Muscat Tea
エルダーフラワーマスカットティー

〈材料〉（1杯分）
水出しアイスティー（ヌワラエリヤ）……… 100mL
エルダーフラワーコーディアル*……… 30mL
マスカット（皮つきのまま食べられるもの）…… 2〜3粒
氷……………………………………………… 適量
ローズマリー ………………………………… 好みで

1　グラスにエルダーフラワーコーディアルを入れ、氷とマスカットを入れる。
2　水出しアイスティーを注ぐ。好みで生のローズマリーを仕上げに飾ると、大人向けのシャープな香りに。

Notes
エルダーフラワーのフルーティーな香りとマスカットの上品でさわやかな味わいを、ヌワラエリヤのすっきりしたアイスティーが引き立てます。炭酸水で抽出した炭酸水出しアイスティーを使っても（p.135参照）。

* エルダーフラワーコーディアルは、ヨーロッパで古くから魔除けの力があると信じられていたハーブのエルダーフラワーを煮詰めたシロップのこと。マスカットのようなさわやかな香りが特徴。原材料にエルダーフラワーが多く含まれたものがおすすめ。

Nuwara Eliya

Ogura Iced Milk Tea

小倉
アイスミルクティー

〈材料〉（1杯分）
茶葉 (ルフナCTC) …………… ティーバッグ2個
熱湯………………… 100mL
きび糖……………… 小さじ1½
牛乳………………… 50mL
氷…………………… 適量
小倉あん…………… 大さじ1強
バニラアイス ……… 適量

1　温めたポットに熱湯を注ぎ、ティーバッグを入れて蒸らす。
2　ティーバッグを絞ってとり出す。
3　きび糖を加えてとかす。
4　氷50gを加えてとかし、牛乳を加える。
5　グラスに小倉あん、氷、4のアイスミルクティーを注ぎ、バニラアイスをトッピングする。

Notes

小倉あんとルフナCTCのしっかりコクのあるミルクティーは相性が抜群です。市販の材料を組み合わせることで、カフェで提供されるようなスイーツティーを自宅でも簡単につくることができます。

Chocolat Royal Milk Tea

ショコラ ロイヤルミルクティー

〈材料〉（1杯分）
- 茶葉(ルフナCTC) ……………… ティーバッグ1個
- 熱湯 …………………………… 50mL
- 牛乳 …………………………… 100mL
- 純ココア ……………………… 小さじ1½
- きび糖 ………………………… 小さじ1

1. 温めたカップに熱湯を注いで、ティーバッグを入れ、ふたをして蒸らす。
2. ティーバッグを絞ってとり出す。
3. ココア、きび糖を加えてとかす。
4. 耐熱カップに牛乳を入れ、電子レンジ(500W)に1分かける。
5. 3に加えてよく混ぜる。

Notes

ルフナCTCの濃厚なミルクティーにほんの少しココアをプラスして仕上げると、リッチなショコラ風味のミルクティーになります。純ココアはカカオ感が強い「バンホーテン ピュア ココア」がおすすめです。

Ruhuna

Amazake Milk Tea

甘酒ミルクティー

〈材料〉(1杯分)
- 茶葉 (サバラガムワCTC) ……… ティーバッグ1個
- 熱湯 …………………… 60mL
- 甘酒 …………………… 60g
- 牛乳 …………………… 60mL

1. 温めた耐熱カップに熱湯を注いで、ティーバッグを入れ、ふたをして蒸らす。
2. 甘酒、牛乳を加えて電子レンジ(500W)に2分かける。
3. ティーバッグを絞ってとり出す。

Notes

サバラガムワCTCのココアのような香りに、甘酒の甘みと香りがあとから広がります。甘酒は粒なしの希釈タイプを使用します。また、甘酒の甘みはメーカーによっても異なるので、量は好みで調整してください。仕上げにフォームミルクをトッピングすると、口あたりがまろやかになります。

Sabaragamuwa

Milk Tea Jam

ミルクティージャム

〈材料〉(つくりやすい分量)

茶葉 (ディンブラDust1) ………… 2g
熱湯 …………………… 大さじ1½
生クリーム (乳脂肪分45%) …… 50mL
牛乳 ……………………… 50mL
グラニュー糖 ……………… 50g

1 小皿に茶葉を入れ、熱湯を加えて3分おく。
2 鍋に1と生クリーム、牛乳、グラニュー糖を入れて中火にかけ、ふつふつしてきたら弱火にする。
3 へらで混ぜながら、13〜15分煮詰める。
4 とろみがついて色づいてきたら、火を止める。熱いうちに煮沸消毒した瓶に移しかえる。
5 あら熱がとれたら、冷蔵室へ。保存期間は7日間。

Notes

MITSUTEAのディンブラDust1 (ミルクティー専用紅茶) は茶葉がこまかいため、カットすることなくそのままお菓子づくりなどに使えます。煮詰めることで、コクのある紅茶の風味が味わえるミルクティージャムができます。

Dimbula

Christmas Tea
クリスマスティ

〈材料〉(1ポット分)
茶葉(サバラガムワ)……………… ティーバッグ1個
熱湯……………………… 300mL
セイロンシナモン ………… 5cm (半分に割る)
ローズレッド ……………… 大さじ1½
マロウブルー ……………… 小さじ1

1　温めたポットにセイロンシナモン、ローズレッド、マロウブルーを入れて熱湯を注ぎ、さらにティーバッグを入れて蒸らす。
2　セカンドポットとティーカップを温める。
3　1をセカンドポットに、茶こしを使って移しかえる。
4　カップに注ぐ。

> **Notes**
> クリスマス時期になると、各メーカーがオリジナルのクリスマスティーを販売します。MITSUTEAのクリスマスティーは、サバラガムワのはちみつのような甘みの余韻を生かし、ローズレッドとマロウブルーを加え、クリスマスにふさわしい華やかさを演出。さらにセイロンシナモンのふくよかな甘い香りがアクセントとなっています。

Sabaragamuwa

Mulled Wine Tea
モルドワインティー

〈材料〉(2杯分)
- 茶葉 (ルフナ) ……………… ティーバッグ2個
- 熱湯 ………………………… 200mL
- グレープジュース (果汁100%) …… 50mL
- 赤ワイン …………………… 50mL
- グラニュー糖 ……………… 小さじ2
- セイロンシナモン ………… 10cm (半分に割る)
- クローブ …………………… 5個
- りんご ……………………… 1/6個
- オレンジ (半月切り) ……… 2切れ
- スターアニス ……………… 好みで1個

Notes
「モルドワイン」とは、イギリスでクリスマスの頃に飲まれるホットワインのこと。赤ワインやスパイスとの相性抜群のルフナでつくると滋味深い味わいが生まれます。

準備
・りんごは1cm厚さのいちょう切りにする。

1. 温めたポットに熱湯を注ぎ、ティーバッグを入れて蒸らす。
2. 鍋にグレープジュース、赤ワイン、グラニュー糖を入れて弱火で温める。
3. グラニュー糖がとけたら、セイロンシナモン、クローブ、りんご、オレンジを加え、さらにとろ火で煮込む。
4. 1を加え、さらに10分とろ火でなじませる。りんごに紅茶がしみてきたら、でき上がり。好みで星形のスターアニスを入れると、クリスマス感がアップ。

Ruhuna

スリランカでの紅茶

スリランカでは、紅茶のある生活が日常です。年配のかたから子どもまで、あたりまえのように紅茶を楽しむ情景は、とても愛おしく、ほほえましくて幸せな気持ちになります。ただ、スリランカ人と生活をともにして驚いたのは、「食後の紅茶」は飲まないし、砂糖ぬきの紅茶もあまり飲まないこと。スリランカ人がこよなく愛する、日常のティータイムを紹介します。

Kirite, Plain Tea, Kahata
キリテー、プレンティー、カハタ

現地で飲めない産地の紅茶

　1999年、初めてのスリランカ旅行で心底気に入り、すぐに1年間の滞在を決めたのですが、実際に住んでみると、「こんなはずじゃなかった」と思うことが数えきれないほど。

　紅茶もそのひとつ。産地別の紅茶を一生分飲んだ！と意気込んでいましたが、家庭で飲む紅茶はそれとはまったく違っていたのです。

　朝、午前、午後と、一日3回はティータイムを楽しみますが、スリランカ人がこよなく愛する紅茶の飲み方は「キリテー」「プレンティー」「カハタ」の3パターンです。

Kirite　キリテー

　紅茶とミルクパウダー(p.184参照)と砂糖を使ってつくる、甘みたっぷりのミルクティー。シンハラ語で、キリは「ミルク」を、テーは「紅茶」を意味します。砂糖がたっぷりと入ったキリテーは、朝起きぬけに飲む人が多く、目覚めの一杯の定番です。キリテーをつくるとき「ヤーラティーで」とお願いすると、表面がふわふわの泡でいっぱいになります。「ヤーラ」というのは1ヤード(約91cm)のことで、その高さからミルクティーを注ぐつくり方のこと。大きなサイズのマグカップを両手に持ち、右から左、左から右へとジャバジャバ注ぐと、泡で包まれたミルクティーに。紅茶の温度を少し下げ、粉ミルクと砂糖をよくとかすと、口あたりのよいまろやかなミルクティーとなるのです。

キリテー(ヤーラティー)のつくり方

1. ミルクティー専用紅茶(ディンブラDust1) 小さじ2(約5g)をティーポットに入れ、熱湯150mLを注ぎ4分抽出する。
2. 蒸らす間に、ミルクパウダー大さじ1と1/3(約10g)＋砂糖小さじ1〜2を大きめのマグカップに入れて混ぜておく。
3. 2に、1の紅茶をこしながら「少し」注ぎ、よく混ぜる。
4. 残りの紅茶をこしながら「すべて」注ぎ、よく混ぜる(キリテーのでき上がり)。
5. 別のマグカップにジャバジャバと空気を含ませながら注ぎ、何度かマグカップを移動させてでき上がり(ヤーラティーのでき上がり)。

Plain Tea プレンティー

　ストレートティーをイメージしがちですが、スリランカのプレンティーは、たっぷりと砂糖を入れたもの。スリランカでは、紅茶は通常甘くして楽しみます。砂糖は飽和限界を超えていませんか？と思わず二度見してしまうほど、たっぷりと入れるのが現地流。

　熱帯の国で暮らすには、砂糖を入れた紅茶でエネルギーをチャージします。

Kahata カハタ

　砂糖なしのストレートティーのこと。通常、お茶請けのジャガリと楽しみます。ジャガリとは、クジャク椰子の花の蜜を煮詰めて固めたもので、煮詰めたシロップを「キトゥルパニ」、さらに煮詰めて固めたものを「ジャガリ」と呼びます。ティータイムの常連菓子で、黒糖のようなイメージ。ジャガリを口に含みながら、カハタを楽しみます。

スリランカではチャイを飲む？

　隣国インドでメジャーなチャイ。茶葉にスパイスをプラスしてミルクと煮込むマサラチャイも有名ですが、スリランカではマサラチャイはあまり飲まれていません。スリランカも、インドと同じくカレー大国なのでキッチンにはインドに負けないくらいのスパイスがずらりと並んでいますが、もっぱらカレー用。

　東洋医学のアーユルヴェーダが生活のなかに浸透しているので、体調が悪いときにはかかりつけのアーユルヴェーダ医師に診断を仰ぎ、自生するハーブやスパイスを煎じて飲むことはありますが、チャイはあまり飲みません。

　ただ、最近はコロンボなど都市部のカフェでは、チャイをはじめ、スパイスやハーブ、アルコール、フルーツを使ったアレンジティーも少しずつ楽しめるようになってきました。

Milk Powder
スリランカのミルクパウダー

豊富な種類
味の違いを楽しもう

　スリランカの人々にこよなく愛されている、キリテーをつくるのに欠かせないのが、「ミルクパウダー」です。

　ヌワラエリヤから世界自然遺産のホートンプレインズ国立公園に行く途中に、アンベウェラ（AMBEWELA）牧場があり、牛乳も流通してはいますが、日本とあまり変わらない価格でとても高価。高級スーパーで販売していますが、ふだん使いのキリテーに使うのは、もっぱらミルクパウダーです。

　ミルクパウダーとは、牛乳をそのまま乾燥させた全脂粉乳（または全粉乳）のことで、これを使うとリッチなミルクティーの風味が楽しめます。スーパーマーケットやカデと呼ばれる個人商店で簡単に手に入り、紅茶よりもミルクパウダーの売り場面積のほうが広いくらいです。

　最近、ミルクパウダーでも、低脂肪（low fat）やビタミンやミネラルなどの栄養素を加えたもの、スキムミルクなどいろいろな種類が販売されていますが、純粋なキリテーを楽しむなら、Full cream milk powder と明記された、原材料が Whole milk のみのものを選びましょう。

　現地では「フレッシュミルク」というパック型飲みきりサイズのロングライフ牛乳もふえており、ホテルの部屋においているところも。冷蔵室に入っていないので驚くかもしれませんが、常温で長期保存可能です。開封後は冷蔵室で保存して、早めに飲みましょう。ホテルの部屋でおいしいミルクティーなんて最高じゃない!?

ミルクパウダー比較

ミルクティー専用紅茶（ディンブラDust1）で同じ条件でいれてみましたが、紅茶とミルクパウダーの比率によって味わいも変わります。好みを探すのも楽しいかも！

Anchor アンカー
紅茶感がしっかりして、さらっとしたミルクティーに。

RATTHI ラッティー
とろとろとして、濃厚。リッチなミルクティーに。

LAKCOW ラッカウ
低脂肪牛乳をイメージさせるようなライトな味わい。

Maliban マリバン
一般的で飲みやすい。ベーシックなミルクティー向け。

PELWATTE ペラワッタ
スリランカ産。若干塩味を感じるような濃い味わい。

DANO ダノ
ビタミンなどを付加。あと味のミルク感がしっかり。

LAKSPRAY ラクスプレイ
ビタミンを付加。紅茶の雑味やざらつきが残る。

Milca ミルカ
まろやかなミルクティーに。紅茶とのバランスもよい。

　私は今までアンカー派でしたが、同じ量だとラッティーのほうがよりリッチに感じました。キリテーの味わいはさておき、自分の体に足りない栄養素をミルクパウダーで補うのも、健康法のひとつかもしれませんね。

Tea Companions
スリランカの紅茶のおとも

紅茶とともに楽しむ
スナック、スイーツ、パン

　スリランカでは、起きてすぐ、午前、午後と少なくとも合計3回はティータイムがあり、町のあちこちでもティータイムが見られます。スリランカの夕飯は21時頃と遅いためか、午後のティータイムには、紅茶と合わせて、定番のジンジャービスケットをはじめ、スナックやスイーツを楽しみます。

　午後のティータイムに楽しむ、スイーツやスナックを紹介します。

① Dodol ドドル
スリランカ南部のお菓子。カル・ドドルはキトゥルジャガリ、米粉、ココナツミルクにたっぷりのカシューナッツが入っている。時間をかけて煮詰め、型に入れて冷やす、たいへん手間がかかるスイーツ。ういろうのような食感。

② Helapa ヘラパ
ティータイムにいち押しの伝統的なお菓子。クラッカン粉、米粉、糖蜜、ココナッツでつくった餡を、キャンダという葉っぱで巻いて蒸した、栄養価の高いスイーツ。あずきのようなやさしい甘さは日本人好み。

③ Lavariya ラワリヤ
スリランカで人気の高い、伝統的な甘いお菓子。ココナツファインとキトゥルパニ（クジャク椰子のシロップ）を混ぜたフィリングを、ストリングホッパーで包んで蒸したもの。朝食や午後のティータイムに楽しまれている。

④ Ada アダ
ココナッツミルク、小麦粉、砂糖、カルダモンの香りを移したキトゥルパニ、イーストなどを混ぜ、30分ねかせて発酵させてから焼き上げる。黒糖蒸しパンのような、しっとりと弾力のあるスポンジケーキ。

⑤ Kimbula banis キンブラバニス
キンブラ（ワニ）バニス（パン）という名前のとおり、ワニの形をした、砂糖がけの軽めの食感。生地は塩けがある軽めの食感。大人も子どもも、みんな大好き。朝や夕方に、紅茶と楽しまれている。

⑥ Mung guli ムング・グリ
⑦と同じ、ムング豆でつくった揚げ菓子。グリとは「手で握った」という意味。ムング・キャウンはひし形だが、ムング・グリはボールの形をしている。外はサクサク、フィリングは口のなかでしっとり。

⑦ Mung kavum ムング・キャウン
ローストしたムング豆を粉末にし、米粉を混ぜ、キトゥルパニで甘みを加えて餡をつくり、薄く伸ばして米粉と卵、ターメリックを溶いたものに漬けて、ココナッツオイルでカリカリに揚げたスイーツ。

⑧ Wandu Appa ワンドゥアッパ
沿岸地域の名物。小麦粉または米粉、ココナッツミルク、ココナッツウォーター、ジャガリなどでつくる、蒸しパンのようなやわらかい食感のケーキ。カンダという葉をカップに入れ、混ぜた生地を注いで蒸すことも。

9 Konda kavum コンデキャウン

コンデ（髪）キャウン（オイルケーキ）。米粉、椰子蜜、塩などを入れて、まとめ髪のような形をつくりながら揚げる。スリランカ各地で行われるお祭りや祝い事、開会式などの伝統的な行事で楽しまれる。

10 Parippu wade パリプワデー

ひと晩浸水させたチャナダールを、フードプロセッサーに粗めにかけ、カレーリーフ、唐辛子などとともに混ぜて成形し油で揚げた、ひと口サイズのスナック。外側はパリパリ、中はずっしり。バスや列車の旅のおともの定番。

ショートイーツ

12 13 14 は、「ショートイーツ」と呼ばれるスナック。具材はチキン、魚、卵、野菜などさまざまだが、いずれもスパイシーに炒めたもの。ショップごと具材が違う。

12 Godamba Roti ゴダンバロティ

13 でクレープのような生地にフィリングを包んだあと、三角形や長方形に成形し、鉄板の上でカリカリの黄金色になるまで焼いたもの。パリッとした食感と、しっとりフィリングがおいしい。

13 Rolls ロールス

小麦粉、水、塩、少量の油で薄いクレープのような生地をつくり、魚の身をほぐしたものやマッシュポテト、刻み玉ねぎ、唐辛子などを混ぜたフィリングを包み、パン粉をまぶしてカリカリになるまで揚げたもの。

14 Patties パティス

スリランカ風の揚げ餃子。パイ生地によく似た皮で具材を包み、油で揚げたもの。黄金色にからりと揚がったスリランカのパティスには、しっとりした魚などのペーストがぎっしり入っていて、皮はサクサクの食感でおいしい。

11 Ulundu wade ウルンドゥワデー

10と同じワデーという名前だが、こちらはウルンドゥ豆を使い、赤玉ねぎ、カレーリーフ、唐辛子、塩を加え、中心に穴を開けたドーナッツ型。スパイシーながんもどきのよう。フワサク食感で、ポルチャツネとの相性がよい。

15 Pol roti ポルロティ

朝食はもちろん、ティータイムにも定番のロティ。小麦粉、水、塩、少量の油を入れてこね、丸く平たく伸ばしてフライパンで焼いた、パンより少し固めの主食。ココナッツ（ポル）ファイン入りをポルロティという。

16 Lunu miris ルヌミリス

スリランカの伝統的なソース（ペースト）。ルヌは塩、ミリスは唐辛子のことで、これにモルジブフィッシュ（塩漬けの乾燥魚）を入れ、ライムを搾る。キリバトゥ（ココナッツミルクライス）のつけ合わせとしても定番。

17 Pol Chutney ポルチャツネ

ポル（ココナッツ）と唐辛子フレーク、赤玉ねぎ、にんにく、塩、タマリンドジュースを混ぜてつくる濃厚なペースト。ロティはもちろん、ドーサやストリングホッパーとも相性がよく、いっしょに楽しまれている。

18 Ala kola アラコラ

ジャガイモの葉からつくる深い緑色のチャツネ。唐辛子や赤玉ねぎ、スパイスも加えた、ピーナッツバターのようなとろりと濃厚な食感。スリランカ都市部では知らない人も多く、山間部で楽しまれているチャツネのこと。

After-Meal Tea
食後の紅茶

食後のスイーツには水か白湯⁉

　スリランカで食後のデザートといえば「ワタラパン」です。ワタラパンとはジャガリや卵、ココナッツミルクなどを使った濃厚なプリンのこと。ナツメグやセイロンシナモン、カルダモンなどの複雑なスパイスの風味と、カシューナッツの食感も楽しめます。特に、ムスリムの人たちに人気で、ビリヤニ（スパイシーな炊き込みごはんとカレー）のお店には必ずある、定番のデザートです。

　スパイシーな食事のあとには、ワタラパンとともに紅茶を飲みたいところですが、スリランカでは「食後の紅茶」はだれも飲みません。

　朝食、ランチ、夕食のあとには決まって、水か白湯。「それがいちばん体によい」と口をそろえます。食後のデザートのワタラパンも、もちろん水や白湯とともに。なぜか聞くと、「ワタラパンはデザートだから」と。スリランカの人たちが言う「デザート」とは、カレーのあとに楽しむ甘いスイーツのことです。デザートには紅茶は合わせず、ティータイムに紅茶を飲むのです。紅茶の国にいるけれど、食後はひとりぼっち。ちょっぴりさびしいティータイム。

左／茶園のバンガローでいただいた朝食は、キリバトゥ（ココナッツミルクライス）とカレーと水。
右上／ワタラパンは、ポピュラーなデザート。右下／茶畑を眺めながら、オープンエアで楽しむティータイム。

Tea Shop in Town
街の紅茶店

スリランカのティーショップ

　スリランカにある紅茶販売店は、大手ブランド直営店から個人経営まで多彩なスタイルがあります。大手ブランドの直営店では、国際的に認知されるセイロンティーの名品がそろい、ギフトとしても人気です。カフェを併設しているところも多く、そのブランドの紅茶を店内で楽しんだり、アレンジティーも楽しんだりできるようになりました。

　個人経営の小さな店では、特定の茶園から直接仕入れたシングルオリジンティーや、手作りブレンドティーなどが特徴で、アットホームな雰囲気が魅力です。

　この写真の紅茶店は、ディンブラ地区で偶然見つけた紅茶の卸し売り（ホールセール）の店舗。主にこの店舗周辺のディンブラ紅茶のシングルオリジンティーをとり扱っていて、通常は輸出される紅茶を、現地の人たちも楽しめるようにと量り売りもしています。

左上／ローカルのティーショップで販売しているブレンドティー。
左下／紅茶をいれるための湯沸かし器。サモワールのアンティーク。
下／円柱形ボックスに入ったシングルオリジンティーは量り売り。

Tea Time in Hotel & Cafe
ホテルやカフェで楽しむティータイム

ハイティーを楽しもう

　スリランカでは、高原地帯に点在する豪華なリゾートホテルや、街中にある洗練されたカフェで、セイロンティーの本場ならではの贅沢なティータイムを楽しむことができます。

　たとえば、ヌワラエリヤやキャンディーの高原にあるリゾートホテルでは、壮大な山々や緑豊かな茶畑を眺めながら、フレッシュなセイロンティーとともに、ハイティーを楽しむことができます。スリランカでは一般的に、アフタヌーンティーは「ハイティー」として親しまれていて、紅茶の産地ならではの新鮮な茶葉でいれる一杯は格別で、優雅なひとときを過ごすことができます。

　また、首都コロンボや古都ゴールなどの都市では、スタイリッシュなカフェで、モダンなアレンジティーや地元のスイーツとティータイムを楽しむことができます。歴史あるコロニアル建築が美しいホテルでのハイティーも人気で、上質なティーセットとともにスリランカの人たちとの会話も楽しみながら、リラックスした時間を過ごすことができます。

　スリランカのどこに滞在しても、各地で紅茶の本場らしい贅沢なティータイムを堪能できることは、旅の大きな魅力の一つです。

ヌワラエリヤ郊外、カンダポラの「ティーファクトリーホテル」で、壮大な茶畑の眺めのなかで楽しむハイティー。

in Nuwara Eliya

上／会員制「ザ ヒル クラブ」のハイティー。中左／準備中のウェイター。一時会員になれば、ハイティーも楽しめる。
中右／サンドウィッチやパティスと紅茶。下左／1876年にイギリス人のコーヒー農園主が設立した会員制の狩猟クラブ。
下右／現在の建物は1930年代に建てられたもので、全45室の客室がある会員制のホテル。

in Colombo

上／コロンボ「パラダイスロードカフェ」でティータイム。
下／ジェフリー・バワの事務所だった建物を改装したカフェ。

インド洋の目の前に建つ、1864年創業の伝統と格式の際立つ「ゴールフェイスホテル」のハイティー。

in Mount Lavinia

コロンボ郊外「マウントラビニアホテル」のハイティー。インド洋広がる岬の突端にある白亜のホテル。

in Galle

上／ゴールの北、海沿いにある「ジェットウィング ライトハウス ホテル」。下／バワ建築で、茶葉を使ったコース料理も楽しめる。

セイロンティーの歴史

セイロンティーの栽培は、19世紀のイギリス植民地時代に始まりました。当初はコーヒー栽培が主流でしたが、コーヒーがサビ病で壊滅して紅茶へ転換。それ以来、世界有数の紅茶生産国となりました。厳しい品質管理のもと、現在も伝統的な手摘み収穫を行っていますが、持続可能な紅茶栽培をめざし、未来に向けて特別な紅茶づくりにも力を注いでいます。

セイロンティーの歴史

1505-1658
ポルトガル統治時代。以後、約450年にわたり、植民地へ。

1658-1796
オランダ統治時代。

1796-1948
イギリス統治時代。

1820-30年代
イギリスからセイロンへ開拓者が渡り、ジャングルを開拓。コーヒー栽培を始める。

1825

セイロンで本格的に
コーヒー栽培が開始。

当時イギリスでは、コーヒーハウスが数千も軒を連ね、男性たちの社交の場になっていた。コーヒーの需要が高く、当時イギリスの植民地であったセイロンでも、コーヒー栽培が盛んに行われていた。

1835

ジェームス・テーラーがスコットランドに生まれる。

1839

インドのカルカッタ植物園から、キャンディーにあるペラデニア植物園へ茶の木が持ち込まれ、小規模ながら茶の栽培実験が開始される。

1850
トーマス・リプトンがスコットランドに生まれる。

イギリスでは紅茶が貴族社会だけではなく、労働者階級にも一気に普及し始めた。

1852
ジェームス・テーラーがコロンボに到着。すぐにキャンディーへ出発。

1867

ジェームス・テーラーがキャンディーのルーラコンデラ茶園にて、商業規模（19エーカー）で紅茶の栽培を始める。

1868
セイロンのコーヒーが、生産量世界一になる。

1869
コーヒーの木にサビ病発生。キナノキや紅茶の栽培に転換する。

1872
ルーラコンデラ茶園で設備の整った製茶工場が操業を開始。

1873

ジェームス・テーラーが生産した23ポンドの紅茶がロンドンに到着。セイロンティーが国際的にデビューする。

スリランカの紅茶生産は、1880年代に急速に成長。農園主が紅茶の栽

出典 NYPL

培と製造の基礎を学ぶためにルーラコンデラ茶園を訪れるようになる。1880年代後半までに、コーヒー農園のほぼすべてが紅茶農園に転換された。

1877

茶乾燥機や茶揉み機などの技術が新しく開発され、商業的な茶生産が可能に。

1883
セイロン商工会議所の支援を受け、コロンボで最初のオークションがサマービル＆カンパニーの敷地で開催される。

1890
リプトンがセイロンを訪れ、10日間で次々と農園を購入。手摘みの茶摘み以外は機械を導入、大量生産へ。

1891
セイロンティーがロンドンの紅茶オークションで、1ポンドあたり36.15ルピーという驚くべき価格で落札される。

1892
ジェームス・テーラーが57歳で亡くなる。

この時期に生産量が大幅に増加。1899年までに、400,000エーカー近くの土地で茶栽培が行われた。

1925
Tea Research Institute（TRI）茶業研究所設立。生産技術を改善し、収穫量を最大化したことで、スリランカは主に輸出用として10万t以上の紅茶を生産するまでになる。

1932
セイロン茶宣伝委員会設立。品質の悪い紅茶の輸出を禁止するために、より高い基準が定められる。

1948
イギリス連邦内の自治領セイロンとして独立。

1955
最初のクローン茶の栽培が開始される。

1965

スリランカが、世界最大の紅茶輸出国になる。

1971-72
スリランカ政府が私有茶園を国有化する。

1972
国名をスリランカ共和国に改称（イギリス連邦内自治領セイロンから完全独立）。

1978
国名をスリランカ民主社会主義共和国に改称。

1981
ブレンドと再輸出のための紅茶の輸入を開始。

1982
緑茶の生産と輸出が開始。

1983
CTC（クラッシュ・テア・アンド・カール）製茶法が導入される。

1993
国有の茶園が23のプランテーション会社へと民営化される。

1997
スリランカの紅茶の輸出量が25万tに達する。

1998
ロンドンでの紅茶オークションが終了。セイロン紅茶の取り引きはコロンボオークションのみとなる。

1999

スリランカ紅茶局が、100％ピュア セイロン ティーの象徴として、ライオンのロゴを世界的に商標登録する。

2000
セイロンティーの生産量が30万tを超える。

2001
キャンディーのハンタナにある古い製茶工場を改装し、紅茶博物館が設立される。

2002
スリランカ紅茶協会設立。

2011

スリランカ紅茶局がセイロン茶に必要な地理的表示（GI）認証を取得する。

島の認定地域で生産され、厳しい品質基準を満たした紅茶のみが「セイロンティー」として販売できることを意味する。これは品質を確保し、偽造を防止するための重要なステップ。スリランカはまた、オゾンにやさしい紅茶の生産国として初めて認められた国となった。

2017
セイロンティー生誕150周年。

ジェームス・テーラーが1867年に最初の商業農園を設立して以来、スリランカの紅茶産業は大きな発展を遂げてきた。

セイロンティーを発展させたふたり

JAMES TAYLOR

ジェームス・テーラー
1835 – 1892

セイロンティーの父

　スコットランド・キンカーデンシャー地区に生まれる。9歳のときに母を亡くし、さみしい少年時代を過ごす。16歳のとき、セイロン行きを決意。32歳のとき、ペラデニア植物園からアッサム種の茶の苗木を受けとり、19エーカーの土地を開墾する。1869年、スリランカの一大産業だったコーヒーがサビ病で壊滅。絶望の淵にいたパイオニアたちを勇気づけたのが、茶の木への転換だった。テーラーは茶の木の栽培から、茶摘み、製茶方法まで、より完成度の高いものへ改良する研究と実験を重ねた。1892年、赤痢にかかり57歳で死去。テーラーがいたからこそ、今のセイロンティーがある。テーラーの墓の十字架の下には、「この島における紅茶とキナノキのパイオニア」と記されている。

THOMAS LIPTON

トーマス・リプトン
1850-1931

世界の紅茶王

　スコットランド・グラスゴーに生まれる。両親はアイルランド移民で雑貨店を営み、学校に通いながら働き、家計を助けた。13歳でアメリカにわたり、商法を学ぶ。19歳で帰国し、父の店を手伝う。1871年に自分の店をもち、10年間で20軒以上に急成長させた。紅茶の需要がふえていたイギリスで、量り売りではなく小包装で売ることを思いつき、各地の水に合う紅茶のブレンドもつくり、評判になる。1890年、セイロンにわたり次々と農園を買い、機械を導入して大量生産を可能にした。彼自身が生産者になることで、おいしい紅茶をより安く、多くの人々へ届けられるようになる。「茶園から、直接ティーポットへ」。リプトンにより、セイロンティーが一気に世界に広まった。

データで見る セイロンティー

世界の「茶」生産量 (2022年)

順位	国	割合
1位	中国	49.1%
2位	インド	21.0%
3位	ケニア	8.2%
4位	トルコ	4.3%
5位	**スリランカ**	3.8%
6位	ベトナム	2.6%
7位	インドネシア	1.9%

合計 約 **6476**万t　前年比3%増

International Tea Committee　2022年データより

世界の「紅茶」生産量 (2022年)

順位	国	割合
1位	インド	38.2%
2位	ケニア	15.1%
3位	中国	13.6%
4位	**スリランカ**	7.0%
5位	トルコ	6.8%
6位	インドネシア	2.7%
7位	バングラデシュ	2.6%
8位	ベトナム	2.3%

合計 約 **3521**万t

International Tea Committee　2022年データより

日本の紅茶輸入国トップ10 (2022年)

🏅 **1位 スリランカ**

- 2位 インド
- 3位 ケニア
- 4位 インドネシア
- 5位 マラウイ
- 6位 ポーランド
- 7位 中国
- 8位 モザンビーク
- 9位 ベトナム
- 10位 ブルンジ

(バルク・3kg以下の直接放送品以外) 年次別輸入先国別輸入数量
日本紅茶協会「紅茶統計」2023年11月より

世界紅茶輸出量 (2022年)

- 1位 ケニア
- 2位 中国
- 3位 **スリランカ**
- 4位 インド
- 5位 ベトナム

64%

上位3国で、世界の紅茶輸出量の **64%** 以上になる。

Sri Lanka Tea Board Annual Report 2022より

1人あたりの茶消費量　国と地域 (2022年)

順位	国/地域	消費量
1位	トルコ	3.23kg
2位	モロッコ	2.09kg
3位	リビア	2.05kg
4位	アイルランド	1.99kg
5位	香港	1.83kg
6位	中国	1.78kg
7位	イギリス	1.52kg
8位	カタール	1.51kg
9位	**スリランカ**	1.35kg
10位	台湾	1.32kg
11位	イラク	1.1kg
12位	パキスタン	1.08kg
13位	チリ	1.07kg
14位	ポーランド	1.04kg
15位	エジプト	1.0kg
16位	イラン	0.87kg
17位	アフガニスタン	0.82kg
17位	CIS	0.82kg
19位	インド	0.81kg
20位	日本	0.77kg

Sri Lanka Tea Board Annual Report 2022より

オークション平均落札価格

コロンボが世界一高い！

Sri Lanka Tea Board Annual Report 2022より

スリランカの紅茶輸出国と地域トップ20

🏅 **1位 イラク**

- 2位 ロシア
- 3位 UAE
- 4位 トルコ
- 5位 イラン
- 6位 アゼルバイジャン
- 7位 リビア
- 8位 中国
- 9位 ドイツ
- 10位 チリ
- 11位 アメリカ
- 12位 サウジアラビア
- 13位 シリア
- 14位 日本
- 15位 台湾
- 16位 ヨルダン
- 17位 香港
- 18位 ポーランド
- 19位 ベルギー
- 20位 アイルランド

Sri Lanka Tea Board Annual Report 2022より

スリランカの茶園＆ティーファクトリーリスト

MITSUTEA 調べ

スリランカでは、標高や産地の区分は茶園ごとに異なります。専門家の間では、7つの産地のどこに属するかということよりも、茶葉そのものの味と香りにフォーカスすることが多いです。スリランカの茶園＆ティーファクトリーリストは、目安としてごらんください。セリングマークとは、その茶園や工場でつくられた茶につけられたブランド名です。

Nuwara Eliya

Name	Selling Mark
BROOKSIDE	BROOKSIDE STONE HILL
Concordia	HETHERSETT KANDAPOLA KENMARE
COURT LODGE	COURT LODGE SUMMER HILL TOMMOGONG
DUNKELD	BROOKFIELD DUNKELD ELSTREE GREEN FIELD
Kelliewatte	NADOOTOTEM
LETHENTY	LETHENTY
Macduff	MACDUFF
Park	EMERALD HILLS PARK TOMMAGONG
PEDRO	LOVERS' LEAP MAHAGASTOTTE PEDRO
WANGIOYA	WANGIOYA

Uda Pussellawa

Name	Selling Mark
Alagolla	ALAGOLLA SINGHE VALLEY ESTATE
Alma	ALMA
Blaierlomond	BLAIRLOMOND
Bramley	BRAMLEY
DELMAR	ARNWICA DELMAR WALDEMAR
ESKDALE	ESKDALE
Gampaha	GAMPAHA
GONAPITIYA GROUP	GONAPITIYA
GORDON	AMHERST GORDON
HIGH FOREST	HIGH FOREST
Kirklees	K.K.L KIRKLEES
LIDDESDALE	LIDDESDALE
Lucky Land	LUCKYLAND LUCKYLAND SPECIAL
Maha Uva	MAHA UVA MAHA UVA BLACK
Mahacoodagalla	EPIC FOREST MAHACOODAGALA
Maturata	HIGHFIELD KURUNDUOYA MATURATA
RAGALLA GROUP	RAGALLA ST.LEONARDS
ST.LEONARDS	STAFFORD

Uva

Name	Selling Mark
Keppetipola Tea Shakthi	ARUNA KEPPETIPOLA ARUNA WELIMADA WELIMADA
Adawatte	ADAWATTE
Aislaby	AISLABY MALWATTE
AMBA Estate Hand-made	AMBA ESTATE
Ambagasdowa	AMBAGASDOWA DYRRABA
Ambatenne	Ambatenne BRADFORD ELLATHOTA UVA
Ambrosia	AMBROSIA UVA NIYADAGALA UVA
Ampittiakande	AMPITTIAKANDE
Attampettia	ATTAMPITIYA
Awonlea Hill	AVON LEA HILL BLACK AVON LEA HILL GREEN
Balagalla Ella	BALAGALA ELLA TEMPLE HURST
Battawatte	BATTAWATTE
Beauvais	BEAUVAIS
Bibilekandura Hand-made	Bibilekandura Hand-made
Blackwoods Farm House Specailty Hand Made	BLACKWOODS FARMHOUSE

Blossoms Uva	BLOSSOMS UVA TEA	MARATENNE	MARATENNE TINIOYA
Cannavarella	CANNAVARELLA C'ÉLLA	MEDDAKANDE	MEDDAKANDA
Cecilton	CECILTON PINNAWELA	Meedumpitiya	MEEDUM-UVA MISTY-UVA
Cocogalla	COCOGALLA COCOGALLA CLONAL	Nayabedde	NAYABEDDE
Craig	CRAIG DOOL GOLLA	Needwood	NEEDWOOD BLACK
Dambatenne	BANDARAELIYA DAMBETENNA	Neluwa	NELUWA
Debedde	URY	New Burgh Green Tea	NEWBURGH GREEN TEA
Demodara Tea Processing Centre	NATHERVILLE	New Roseland	AMBADANDEGAMA ROSELAND UVA
Dickwella	BOMBAGALLA UVA DICKWELLA ST JAMES	NON PAREIL	NON PAREIL
		Oodoowere	OODOOWERRE
El Teb	EL TEB EL TEB UVA	Passara Tea Shakthi	ARUNA PASSARA ARUNA WELLASSA Passara Tea Shakthi WELLASSA
Finlay Green Teas	FINLAY TEAS	Pettiyagalla	PETTIAGALLA
Galaxy	GALAXY KUKULEGAMA	Pita Rathmalie	PITA RATMALIE PR WEST
Galoola	UVAKANDE	Poonagalla	FELLSIDE POONAGALLA
Gawarakelle	GAWARAKELLE	Ranaya	A.M.J RANAYA
Glen Alpin Group	GLEN ALPIN	Roeberry	RATHKELLE UVA ROEBERRY
Glenanore	GLADSTONE GLENANORE	Rookatenne	HIGH SPRING ROOKATENNE
Gold Buds Uva Tea	UVA CHOICE TEA UVA SAMOVAR	Samanala Specialty Hand Made	SAMANALA
Gonakelle	GONAKELLE	SARINA GROUP	NELUWA SARNIA SARNIA PLAIDERIE
Gonamotava	GONAMOTAWA		
Greenfield	GREENFIELD MISTY MOUNTAIN THOTULAGALLA	Serendib	QUEENSTOWN SERENDIB
		Shawlands	SHAWLANDS
Hapugahawatte	HAPUGAHAWATTE HAPUGAHAWATTE -CTC MOUNT UVA MOUNT UVA -CTC POILAKANDA	Southem	DEMODARA S
		Spring Valley Group	SPRING VALLEY
		St James	CHELSEA
HAPUTALE	HAPUTALE KELBURNE KELLIEBEDDE	Telebedde	TELBEDDE
		Ulugedara	ULUGEDARA CTC
Hindagala	HINDAGALLA	Uva Halpewatte	GREENLAND UVA HALPEWATTA UVA
Hoptan	HOPTAN UVA TENNE	Uva Haputale Valley	GREEN MOUNT UVA HAPUTALE SUPER
Iddalgashinna	DUNKANDA IDALGASHENA	Uva Highlands	UVA HIGHLANDS
Kahagalla	KAHAGALLA ROEHAMPTON	Uva Moragolla	UVA MORAGOLLA UVA WALIMADA
Kandahena	KANDAHENA	Werellapatana	UVAKELLIE VERELLAPATANA
Kinellan	HEELOYA KINELLAN	Wewesse	WEWESSE
Kinglynn Organic	HEAVEN SCENT BLACK HEAVEN SCENT GREEN		
Mahadowa	MAHADOWA		

© 2024 MITSUTEA G.K.

Dimbula

Name	Selling Mark
ABBOTSLEIGH	ABBOTSLEIGH CTC FLORENCE CTC
AGRAKANDE	EAST FASSIFERN
ALBION	ALBION THORNFIELD
ALTON	ALTON
ANNFIELD	ANNFIELD
ARGRA OUVAH	AGRAOUVAH GLASGOW
BALMORAL	BALMORAL CLYDESDALE
BAMBRAKELLY GROUP	BAMBRAKELLY
Battalgalla	BATTALGALLA
BEARWELL	BEARWELL
BLINKBONNIE	BLINKBONNIE
BLUE FIELD	CRAIG HILL MOUNT HARROW
BOGAHAWATTE	BOGAHAWATTE
BOGAWANA	BOGAWANA BRIDWELL
BOGAWANTALAWA	BOGAWANTALLWA
BRUNSWICK	BRUNSWICK
CAMPION	CAMPION
CEYTEA	CEYTEA
CHRUSTLERS FARM	ST ANDREWS
CLARENDON	CLARENDON
CRAIGIE LEA	CRAIGIE LEA FOREST CREEK
DEESIDE	GLENUGIE
DESSFORD	ABBOTSFORD DESSFORD
Dickoya	ADISHAM DICKOYA DUNBAR
DIMBULA	DIMBULA
DIYAGAMA EAST	DAYAGAMA EAST
DIYAGAMA WEST	DIYAGAMA WEST NUTBOURNE
Diyanillakelle	DIYANILLAKELLE DIYANILLAKELLE BIO DIYANILLAKELLE GREEN
DRATTON	DERRYCLARE DRAYTON
DUNSINANE	DUNSINANE DUNSINANE CTC
EDINBURG	EDINBURGH GLASSAUGH
EILDON HALL	EILDON HALL TILLICOULTRY
Fairlawn	FAIRLAWN MINCINGLANE
FETTERESSO	DEVONFORD FETTERESSO SITAGALA
FORDYCE	FORDYCE
FROTOFT	FROTOFT SUPER POOJEGODDE TYMAWR
GARTMORE	GARTMORE GARTMORE FOREST TEA NEW GARTMORE HIGHLANDS
GLASSAUGH	GLASSAUGH
GLENLOCH	GLENLOCH KARAGASTALAWA
GLENTILT ESTATE	GLENTILT
GOURAVILLA	GOURAVILLA
GREAT WESTERN	GALKANDAWATTA GREAT WESTERN
GUAYAPI LANKA	GUAYAPI LANKA
HAPUGASTENNA	OAKDALE
HARROW	HARROW
HAUTALE VALLEY	BRAEMORE HAUTEVILLE
Havenwewa	BIRCHWOOD CTC HAVANA HEWAN GREEN CTC
HENFORD	CALEDONIA HENFOLD
HOLYROOD	HOLYROOD
INGESTRE	BATHFORD INGESTRE
Iona Specially Hand Made	IONA
KAIPOOGALLA	FERNLANDS KAIPOOGALLA
Kelaneiya Estates	KELANEIYA & BRAEMAR
KELANI VALLEY INSTANT TEA (PVT) LTD	KELANI VALLEY INSTANT TEA
KEW	KEW ST.JOHN DELREY
KIRKOSAWALD	ELBEDDE KIRKOSWALD
KOTIYAGALLA	BOGAVALLEY CHAPELTON KOTIYAGALLA
Kumbaloluwa	ETON MESCO CTC NORTH MEDDELOYA PARK SIDE CTC
LABOOKELLIE	KUDAOYA LABOOKELLIE
LAXAPANA	LAXAPANA
LIPPAKELLE	LIPPAKELLE
LOGIE	LOGIE
LOINORN	ELTOFTS LOINORN

Name	Selling Mark
Maha Eliya	MAHAELIYA
MAHANILU	MAHANILU
MATTAKELLE	MATTAKELLE
MAYFIELD	Mayfield
MEDDECOMBARA NORTH	MEDDECOMBRA NORTH NEW MEDDECOMBRA
MEDDECOMBRA SOUTH	MEDDECOMBRA SOUTH
Millington	HARRINGTON MILLINGTON
MOCHA	ADAMS PEAK MOCHA
MORAY	MORAY
MOUNT VERNON	FAITHLEE CTC MOUNT VERNON CTC
MOUSA ELLA	MOUSA ELLA
MOUSAKELLIE	MOUSAKELLIE
NORTH PUNDULUOYA	NORTH PUNDALUOYA
Norton	NORTON VIRGIN HILLS
Norwood	NORWOOD NORWOOD GREEN ROCKWOOD ORGANIC
NUWARA ELIYA	INVERNESS NUWARAELIYA
Oddington Specialty Hand Made	ODDINGTON TEA
Ottery	INVERY OTTERY
OUVAHKELLIE	OUVAHKELLIE
PARADISE	GREEN PARADISE PARADISE FARM
POWYSLAND	POWYSLAND WENKATAGIRI
POYSTON	POYSTON
QUEENSBERRY	QUEENSBERRY
RADELLA	RADELLA
ROBGILL GROUP	ROBGILL
SANDRINGHAM	SANDRINGHAM
Shannon	SHANNON
SHEEN	SHEEN
SOMERSET	SOMERSET
ST THERESIA	MORAR THERESIA
ST. CLAIR	ST. CLAIR
St. Coombs	ST.COOMBS
STOCKHOLM	STOCKHOLM
STONY CLIFF GROUP	STONY CLIFF
STRATHDON	STRATHDON CTC
STRATHSPEY	STRATHSPEY
TALAWAKELLE TANGAKELLE	TALAWAKELLE CYMRU TANGAKELLE
Tea Bush	OAK-RAY TEA BUSH
TIENTSIN	TIENTSIN
TILLYRIE	TILLYRIE
Torrington	AGRA ELBEDDE TORRINGTON
TROUP	TROUP
UDA RADELLA	UDARADELLA
Vellaioya	AGRA OYA VELLAI OYA
VENTURE	ST LAWRENCE VENTURE
WALTRIM	LINDULA WALTRIM
WANARAJAH	WANARAJAH WANARAJAH CTC
WATTEGODDE	WATTEGODDE
WAVERLY	PORTMORE WAVERLEY WEST
WEDDEMULLA	LILLIESLAND WEDDEMULLA
Wootton	KOTAGALA LEAF WOOTTON
YUILLEFIELD	YTHANSIDE YUILLEFIELD

Kandy

Name	Selling Mark
Alagalla	ALAGALLA ALAGALLA CTC GONEDENIYA PEAKWATTA CTC RATHMEEWALA
Alkamada Enterprices	THELAMBAGALA
Allewela	ALLEWELA
Anakolla Tea Trails	ANAKOLLA TEA
Ancoombra	ANCOOMBRA ANCOOMBRA CTC MANCHESTER MEEZAN
Aroma	ABISHEK AROMA
Ashari Tea Processing Center	ASHARY
Asma Tea Processing Center	HAMILTON
Babilla	BABILLA
BANDARAPOLA	ELKADUWA
Baranagala	ASUPINI ELLA BARANAGALA
Bolagala	BOLAGALA ESTATE HUREEGOLLA ESTATE

BOPITIYA	BOPITIYA	Greenwood	GREENWOOD MIDFEILD SILVERKANDA
CAROLINA	CAROLINA CTC KADAWELA CTC TRAFALGAR CTC	Hapugolle	DA&TR H0952 HAPUGOLLA
CASTLEMILK	CASTLEMILK CRAIGINGILT	Harangalla	HARANGALLA KOTHMALE HILLS REVENCECRIG SANROSE
Coolbawn	Coolbawn Tea Plantation	HATALE	HATALE
Cooroondoowatte	COOROONDOOWATTE	HELLBODDE	HELLBODDE NORTH LOCHNESS
CRAIGHEAD	CRAIGFIELD CRAIGHEAD	Henawatta Tea Processing Center	HENAWATTA
Dartry	DARTRY DARTRY VALLEY	Hillfield Tea Re Processing Centre	HILLFIELD
Deenside	DEENSIDE DORSET HIGH FORD	HOPE	HOPE
Dehigama	DEHIGAMA GLENROSS WELIWATHURA	IMBOOLPITIYA	GALOYA IMBOOLPITTIA MASNAWATTA
Dehiwatte	Dehiwatte DEHIWATTE DEHIWATTE SUPER DODANDENIYA	Ingurugala	BERAWILA HILLS INGURUGALA
DELTA	CASUARINA CTC DELTA CTC	JAMES VALLEY	JAMES VALLEY JAMES VALLEY BLACK TEA
DUCKWARI	DUCKWARI CTC ELLAGOLLA CTC	KADUGANNAWA	BALOONGALA KADUGANNAWA
Dunumadalawa Hand Made	DUNUMADALAWA	KALLEBOKKA	KALLEBOKKA KALLEBOKKE CTC
Ecoleaf	AMBAGAHAMULAHENA	KATABOOLA	DOOMBAGASTALAWA KATABOOLA SILVER RINGS
EDENGROVE	EDENGROVE	KENILWORTH	GUNISS ROCK KENILWORTH STRATHLLIE
Elpitiya	BOWALA ELPITIYA	Ketakumbura	KETAKUMBURA
EMBILMEEGAMA	EMBILMEEGAMA MIDWAY	Kew Garden Tea re Processing Centre	GLANDZEND GLENORCHY
Erin	ERIN SUPER MORAHENA SUPER	Kings Valley	ATABAGE KINGS VALLEY
FOUR EVER NATURALS (PVT) LTD	FOUR EVER NATURALS	KIRIMETIYA	KIRIMETIYA PATTAPOLA
GALAMUDUNA	WINDSORFOREST	KURUGAMA	KURUGAMA MAHAGAMA TALAWA
Galpaya	CINNAMON VALLEY CINNAMON VALLEY CTC WERALUGOLLA WERALUGOLLA CTC	Lantern Hill	CASTLEBAY C.T.C. LANTERN HILL C.T.C. SANDAGALATENNA SINGHAPITIYA
Ganahinna Tea Processing Center	GANAHINNA	LE VALLON	LEVALLON
Gatagahawela	GATAGAHAWELA RANDENIGALA RANDENIGALA SUPER	Liverpool	CELTA CTC IRONFORD LIVERPOOL LIVERPOOL SUPER NORWICH
GERAGAMA	GERAGAMA	LOOLECONDERA GROUP	LOOLECONDERA NARANGHENA
Glen Nevis Hand Made	GLEN NEVIS PLANTATIONS	LOWER DONSIDE	DONSIDE HAPUGASTHALAWA
Glenwood Reserve	GLENWOOD	MADULKELLE	MADULKELLE CTC RICHLAND CTC
Godapola	GODAPOLA NIKALANDA		
Goldefield	GOLDEFIELD		
Goomera	GOOMERA		
Goorookoya	GOOROOKOYA GOOROOKOYA SUPER		

Mahavila	AULTMORE CTC NEW MAHAVILA GREEN
Mahaweli Tea Shakthi	MAHAWELI RAVENS CRAIG RIVER SIDE
Malgolla	A S N MALGOLLA NEW MALGOLLA
Maligakanda	ETHICAL TEAS-BLACK ETHICAL TEAS-GREEN
Matale West	ALUVIHARA KANDENUWARA RATHTOTA
MELFORT	MELFORT GREEN TEA
Menikdiwela	MENIKDIWELA TEA
MIDLANDS	BABARAGALLA CTC MIDLANDS CTC
Mooloya	MOOLOYA
MOSSVILLE	MOSSVILLE
Mount Eliza	ALWATTE LAKSHMI LAKSHMI A MOUNT ELIZA
Mount Jean	MOUNT JEAN MOUNT JEAN SUPER
MURUTHALAWA	GALVILKANDA LANKAPATUNA
Nagastenne Refuse Tea Processing	NAGASTENNE
NANUOYA	BANDARATENNE LIYANGASTENNE NANUOYA
Nayapane	ATABAGE NAYAPANE
New Alpitikanda	ALPITIKANDA SUPER GARDEN FRESH
New Baddegama	NEW BADDEGAMA
New Doragala	NUGAWELA WEST FIELD
New Fernland	BOGOLLA GLENFERN NEW FERNLAND
New Giragama	NEW GIRAGAMA
New Kellie Group	FENILAND THAMARA VALLEY
New Orayan	DALATUDUWA INGURUWATTE INGURUWATTE SUPER
NEW PEACOCK GROUP	NEW PEACOCK CTC
New Thambiligala	DENMARK 177A NEW THAMBILIGALA
New Weliganga	KITHULBEDDA SHAKETH
Nildalukanda	BLUE MOUNTAIN KANDY HILL CTC NILDALUKANDE CTC
Oonoogaloya	OONOOGALOYA ROYAL GARDEN
ORANGE FIELD	ORANGE FIELD
Pallegama	PALLEGAMA PELAMPITIYA
Panamora Tea Processing Center	KAHATA THANNA PANAMORA
Paragalla	PARAGALA UDA HENTENNE
Pilimathalawa	GODIGAMUWA MEDDAWATTE PILIMATALAWA
Pussatenna	LAGUNDENIYA PUSSATANNA
RANGALLA GROUP	RANGALLA GROUP RANGALLA GROUP CTC
RAXAWA	ARATHTENNA GALGEWATTA MAHATENNA
Rhineland	EDDEN VALLEY HELSTON MASVALLY
Ringwood	BELTOF CTC RAJAELA CTC RINGWOOD CTC
Roslin Hill	HANTHANA HILLS ROSLIN HILL
ROTHSCHILD	BLACK FOREST CTC ROTHSCHILD CTC
Royal Ceylon Tea Processing Center	ABATHALAWA MALIGAHENA SOORIYA GODA
Rozella	ROZELLA
Ruwanpura	RUWANPURA
SANQUHAR	BLOOM HILL SANQUHER
Seevali Hill	SEEVALI HILL WATTAPOLA SUPER
Sinhapitiya	GREEN TUSKERS SINHA TEA SINHAPITIYA
Sogama	BLACK FOREST NEW ROTHSCHILD
Stellenberg	KANDALAWA
STOREFIELD	BELUNGALA DEKINDA DILFAR
Tea House Tea Processing Center	MILLAGAHAMULA
Thanahandeniya	THANAHANDENIYA WATTA
Thelissagala	GOLDEN BROWN
UDAYAKANDA	DARK BREW DARK BREW SUPER NARANGAHAMULAHENA ROSS FELD CTC SPRING FIELD CTC SPRING FIELD SUPER CTC
UPLANDS	UPLANDS UPPER GLOUCESTER
Vedahata	MENRO NEW MENRO NEW VIDAHATTE

© 2024 MITSUTEA G.K.

Name	Selling Mark
Vidhanage	VIDHANAGE
Watadeniya	RAHANKANDA RANSIRINI WATADENIYA
Weliwattha Tea Processing Center	WELIWATTHA
Wembley	BRIGHTON RANAWAKA WATTAPOLA
West Hall	RILAGALA
Yahalatenne	SURIYAGAMA WERALLAKANDA
ZION HILL	HILL CASTLE WATTEHENA

Sabaragamuwa

Name	Selling Mark
A.C.U.	A C U A C U SUPER THANNAHENA
Adams View	ADAMS VIEW ROBA
Aennen	AENNEN AIFA
Aigburth	AIGBURTH BULUTHOTA WESTOUN
Allerton	ALLERTON PRIME TEA
Alupola	ALUPOLA
AVISSAWELLA	AVISSAWELLA SITHAKA
Balangoda Tea Shakthi	ALPHA SUPER SANJA
Blue Hills	BLUE HILLS BLUE HILLS SUPER
Boscombe	BOSCOMBE KINKINI
BROADLANDS	BROADLANDS BROADLANDS SMALL HOLDER
C R A Ceylon Hand Made	C R A
Canora	CANORA CTC DEVANAGALA CTC SELAGAMA CTC
Ceciliyan	CECILIYAN CECILIYAN CTC NELUNWATTA NELUNWATTA CTC
Chamwin Speciality Tea Processing Centre	CHAMWIN CHAMWIN TEA POD
CO-OP TEA	CO-OP TEA ELLAHENA
Daduwangala CTC	DADUWANGALA CTC ZENRA
Daduwangala Watte	DADUWANGALA LAKMAL
Deerwood	DEERWOOD HILL DEERWOOD SUPER NEW DEERWOOD WARNAGALA
Delgoda	DELGODA WATHURAWA
Denagama	BAKERSFALL IMBULPE PASSARAMULLA
Deraniyagala Tea Shakthi	DERANIYAGALA NEW DERANIYAGALA
Deshika	DESHIKA DESHIKA SUPER ROSE MORE
DHAWALAGIRI	DAULAGALA DHAWALAGIRI
Diyagala Hills	DIYAGALA HILLS RANDIYA HILLS
DOLOSWELLA	DOLOSWELLA KOLAMBAGAMA
Doralawitiyahena	DORALAVITIYA HENA PELMA SAKURA
Dotel Oya	DOTEL OYA WERALLAKANDA
ECO	RTS
Ederapolla	Ederapolla
ENDANE	ENDANE ENDANE SPECIAL
Ethoya Waththa	ETHOYA ETHOYA WATTA
Falcon	FALCON LANKA NEW FALCON LANKA
Ferndale	AVANTGRADE FERNDALE NEW FERNDALE
Forest Hill Specialty Hand Made	FOREST HILL
GALABODDA	NEW GALBODE CTC NEW GALBODE CTC SUPER
Galahitiya	ELIZABETH'S GALAHITIYA
GALATHURA	GALATHURA ULUGAHAHENA HILLS
GALPADITENNE	HIRILIYEDDA CTC KALUGALAHENA SUDUWELIPOTHAHENA SUDUWELIPOTHAHENA "A" CTC SUDUWELIPOTHAHENA CTC SUDUWELIPOTHAHENA SUPER
GANGALAGAMUWA	GANGALAGAMUWA GANGALAGAMUWA SUPER
Geekiyanahena	GEEKIYANAHENA SINGHAKANDA
Gilimale Tea Shakthi	Gilimale Tea Shakthi MINIPURA MINIPURA SUPER
Green Mount	HALGAHAWELA HALGAHAWELA SUPER

HALGOLLE	HALGOLLA ULLSWATER	Lankaberiya	LANKABERIYA
HAPUGASTENNE	AMUNUTENNE AMUNUTENNE CTC HAPUGASTENNE HAPUGASTENNE CTC	M J F Beverages (Pvt) Limited	M J F BEVERAGES
		MADAMPE	MADAMPE A MADAMPE SUPER OBADAKANDA
Hatherleigh	HATHERLEIGH RAKWANA	Mahawale	EAST HIGH FIELDS MAHAWELA MEEHITIYA
Haughton	HAUGHTON NEW HAUGHTON	Maliboda	MALIBODA MINDAGAMA
Hidden Hills Hand Made	HIDDEN HILLS	MATUWAGALA	BADUWATTA MATUWAGALLA "A" MATUWAGALLA SUPER
Hidellana	HIDELLANA HIDELLANA CTC RANWIN RANWIN CTC RASILKA	Millavitiya	Millavitiya MILLAWITIYA MILLAWITIYA SUPER
		MISA	GARDEN LEAF MISA
Horamulla	ABER FOYLE HORAMULLA SPECIAL HORAMULLA SUPER	Morapitiya	KALUGANTHOTA CTC MORAPITIYA RENUKANDA RENUKANDA CTC
HOUPE	HOUPE HOUPE SPECIAL	N.I.P.M Learning Centre	N.I.P.M
Hunuwella	HALLINA HALLINA SPECIAL	Nawagamuwahena	GEEKIYANADENIYA HENA KIRIDI ELLA NAWAGAMUWEHENA SUDUPUTHA TEA
Ihala Panapitiya	GANGAWERALIYA IHALA PANAPITIYA	Nawalakanda	NAWALAKANDA NAWALAKANDA SUPER PANAPITIYA
ILLUKTENNE	CLUNES ILLUKTENNE	NEW DORALAWITIYAHENA	SIERRA SIERRA CTC SUPREAM SUPREAM CTC
JAYA LAND	JAYA LAND		
Kadigalahena	KADIGALAHENA KADIGALAHENA 'A'	New Hopewell	CHANDRIKA CTC CHANDRIKA ESTATE NEW HOPEWELL NEW HOPEWELL CTC RAJAWAKA WIJAYANILMINI
Kalawana	KALAWANA RAIN FOREST		
Kamarangapitiya	KAMARANGAPITIYA KAMARANGAPITIYA 'A'	New Kandagastenne	K D U SUPER KDU NEW KENDAGASTENNA ROSE HILL
Karawita	KARAWITA KARAWITA CTC KARAWITA TEA-SMALLHOLDER		
		New Laksakanda	LAKSAKANDA NEW LAKSAKANDA
KEHELWALA	KEHELWALA KEHELWALA TEAS	NEW MOUNT CARMEL	NARANGALA SUPER NEW MOUNT CARMEL
Kelani	KELANI	NEW PANAWENNA	NEW PANAWENNA NEW PANAWENNA - SMALLHOLDERS
KENDALANDA	KENDALANDA NEW KENDALANDA		
Keragala	BOPATH ELLA KERAGALA	NEW RASAGALLA	NEW RASAGALLA SAMANALAWATTA
Kithulgala	KITHULGALA RAFTER'S	New Temple View	HALPAWALA TEMPLE VIEW SUPER
Kolonna	KOLONNA SUPER KOLONNA TEA	New Udakada	NEW UDAKADA NEW UDAKADA SUPER
Kongahawatte	KONGAHAWATTA STREAM LINE	New Vithanakande	DELWALA DELWALA A NEW VITHANAKANDE VITHANAKANDE
Koppakande	KOPPAKANDA SAMUKIRANA		
KUKULEGANGA	KUKULEGANGA KUKULEGANGA A		
Kurundugahadola Specialty Hand Made	KURUNDUGAHADOLA HETTIYADENIYA		
Kuttapitiya	KUTTAPITIYA "A" KUTTAPITIYA SUPER		

© 2024 MITSUTEA G.K.

New Wewelkandura	B. H. P WEWELKANDURA WEWELKANDURA SUPER
Nilagama	NILAGAMA NILAGAMA SPECIAL
Nilgiri	JAYABIMA NILGIRI
Nilvin View	HAPURUDENIYA NILVIN SUPER NILVIN VIEW
Nivithigala	ALUTHWATTA NEW NIVITHIGALA UDADENIYA
Noori	NOORI WELIHINDA
Noragalla	DOMBAGAMA NORAGALLA
Opatha	OPATA OPATA SPECIAL
Palm Garden	PALMGARDEN PARADISE
Pambagama	PAMBEGAMA
Panilkanda	NEW PANILKANDA PANILKANDA
Parakaduwa	PARAKADUWA
Peak Paradise	MANIKTENNA PEAK PARADISE PEAK PARADISE SUPER
Peekview	DEHIGAHADENIYA PEAK VIEW PEAK VIEW SUPER
PINE HILL	ELAINE ELAINE SUPER PINE HILL
Poronuwa	KIRIBATHGALA SPECIAL
R & A Handmade	R 7 A RANDALU
Raigam Korale Tea Shakthi	Raigam Korale Tea Shakthi RAIGAMKORALE
Rajjuruwatta	RAJJURUWATTA RAJJURUWATTA SUPER
RAMBUKKANA	DALUGGALA G TEA
RAYIGAMA	IMAGIRA RAYIGAM
Rilhena	RILHENA RILHENA "SPECIAL"
Rocky Mark Hand Made Tea	ROCKY MARK TEA
Rosyth	ROSYTH PLANTATION SIYAMBALAPITIYA THALAGAHAYAYA
Rosyth Estate House Hand Made	ART TEA
RYE	MILLA MILLA SUPER
Samanalakanda Refuse Tea Processing Center	BOTIYATENNA SAMANALAKANDA

SAMARAKANDA TEA PROCESSING CENTRE	SAMARAKANDA
Sampath	NEW SAMPATH TEA SAMPATH TEA
Sanora	BLACK RIVER PEAK FOREST
Sapumalkande	MIYANAWITA SAPUMALKANDA
Seron	CHANMA SERON
Sherwood	BOLTHUMBE SHERWOOD SHERWOOD SUPER
Spring View	SPRING VIEW SPRING VIEW "A"
Springwood	PALAM COTTA SPRINGWOOD
ST.JOACHIM	NEW ST JOCHIM ST JOCHIM
Sun Green Handmade	SUN CEYLON SUN GREEN
Sunhill	SUN CREST SUNTUSA
Sunils	NEW SUNILS Sunils SUNILS TEA
Tea Lanka	HIMORA TEA LANKA
Templevally	ATHAPATHTHUWA TEMPLE VALLEY SUPER
The Asendle Waters Specialty Hand Made	ASENDLE ORGANIC
Upper Balangoda	CHANAKA UPPER BALANGODA
Vardhana	LELLOPITIYA VARDHANA VARDHANA SUPER
Veddagala	PITAKELLE PITAKELLE CTC VEDDAGALA VEDDAGALA CTC
Watapota	WATAPOTHA
Wellandura	WELLANDURA SPECIAL
Wewawatte	BELHAWAN NEW WEWAWATTE WEWAWATTA WEWAWATTE
Wikiliya	ALDORA WIKILLIYA
YATIDERIYA	UNDUGODA YATADERIYA

Ruhuna

Name	Selling Mark
Deniyaya Tea Shakthi	SIRISILI SIRISILI A
New Singhevalley	NEW SINGHE VALLY

	SINGHE VALLY	BROMBIL	BOMBIL CTC BROMBIL BROMBREEZE BROMBREEZE CTC SOUTHERN EDGE SOUTHERN EDGE CTC
Agilma	AGILMA WELIVITIYA		
Ahinsa	AHINSA MILLAWA TEA SHANAKA TEA	BULATHSINHALA	BULATHSINGHALA TEA
ALFA VALLEY INSTANT	ALFA INSTANT TEA	Captain Garden	CAPTAIN GARDEN CASTLE HILL
ALHEWANA	ALHEWANA ALHEWANA SUPER MATUGAMA	Cee Tee Hills	CEE TEEA HILLS CEE TEEA HILLS CTC GALBOKKA CTC
Allan Valley	ALLAN VALLEY WARALLA	Ceyenta	CEYENTA ROKMO
Andaradeniya	ANDARADENIYA HILLS ANDRADENIYA SUPER VIHARAHENA	Colambaarachchi	DIKHENA LAKMIE
Anninkande	ANNINGKANDA NEW ANNINGKANDA	Co-Op Cola	CO-OP COLA DEHIGASPA
Arbour Valley	ARBOUR VALLEY	Co-Op Lanka	CO-OP HILL CO-OP LANKA
Aruna	ARUNA ARUNA CTC COSMO CTC DODANGODA DODANGODA CTC KUMBADUWA CTC SUNSHINE	Coopwin	CO-OP WIN KMPCS
		Dampahala	DAMPAHALA DAMPAHALA 'A'
ATHUKORALA	ATHUKORALA ATHUKORALA GROUP ATHUKORALA GROUP SUPER PITIGALA TEA	Danawala	DANAWALA RANKETIDOLA
		Dankoluwa	DANKOLUWA
Athumale	ATHUMALE WADIYAKANDA	Danlanda	DANLANDA DANLANDA WATTA
Ayagama	A.N.L AYAGAMA	Davidson	DAVIDSON DAVIDSON A
Baddegama	BADDEGAMA GILCROFT SUNNYSIDE	Dediyagala	DEDIYAGALA DELHENA
BADURALIYA	BADURA-ELIYA BATAGODAWILA	Dellawa	DELLAWA DELLAWA 'A' DELLAWA CTC GALDOLA CTC
Balagala	AKURESSA BALAGALA	Deniyaya	NEW DENIYAYA NEW DENIYAYA CTC
Batuwangala	BATUWANGALA BATUWANGALA CTC INDIGAHAHENA CTC KURULUGALA MAGAMA MIYANAWATHURA NEW BATUWANGALA	Deniyaya New	DENIYAYA NEW KIRUWANAGANGA NEW KIRUWANGANGA
		Derangala	DERANGALA KIRIWELKELLE
		Derangala Hills	ATHU ELA DERANGALA HILLS
Belmont	BELMONT MARAMBA	Devagiri	DEVAGIRI STOKESLAND
Berubeula	BERUBEULA BERUBEULA "A"	Devitura	DEVITURA DEVITURA SUPER
Beverley	BEVERLEY BEVERLEY HILLS	Devonia	ANDARADENIYA DEVONIA
Binoy	BINOY	Dewra Handmade	DEWRA
Biyolta	BIYOLTA ST AUGUSTINE	Diddenipota	ANDAPANA DIDDENIPOTHA DISSENIPOTHA HILLS HALGAMATENNA
Blater Hill Handmade	BLATER HILL TEA		
Bogahahena	BOGAHAHENA GALANDAHENA	Dishan Valley	DISHAN VALLEY DISHAN VALLEY ESTATE
Bogoda	BOGODA BOGODA GROUP		

© 2024 MITSUTEA G.K.

DODANGAHA	GALLA GALLA 'A'	Graceland	GRACELAND LANKA LAND
Duliella	DULIELLA KOSMULLA	Green House	GREEN HOUSE PANAKADUWA
DUMBARA	DUMBARA	Green Lanka	GREEN LANKA GREEN LANKA CTC RANRAS RANRAS CTC
Eighty Acers state Handmade	80 ACERS TEA		
Ekvin	EKVIN LANKA	Greenwin	GREENWIN GREENWIN SUPER HASALIYA
Elpitiya Tea Shakthi	Elpitiya Tea Shakthi KETAPALA RASILTA	Gunawardena	GUNAWARDANA UDAKEREWA
Enasaldola Estate Specialty Hand Made	KALEY	Gurudiyapotha	GURUDIYAPOTHA LAKCOLA
Enselwatte	CAMPDEN HILL ENSELWATTA SINHARAJA	Gurukanda	ANALI GURUKANDA
		H P P	H P P TEA
ERAMULLA	ERAMULLA SANDALIE	Halvitigala	HALWITIGALA HALWITIGALA SMALL-HOLDER
Etambagahawila	ETAMBAGAHAWILA KANANKE		
EVERGREEN	EVERGREEN GOLDEN BREW GOLDEN GARDEN NEW EVERGREEN	Handford	HANDFORD
		Handunugoda	HANDUNUGODA QUEENS COURT
Fairyland	FAIRYLAND PLUTO	Hartley	HARTLEY HARTLEY A
Fairymount	FAERYMOUNT MORAWAKKANDA	Hayes	HAYES LONGFORD
FORTUNE	FORTUNE LUKYHILLS	HDDES Extracts (Pvt) Ltd	HDDES
		HEDIGALLA	HADIGALLA MELLAGAHAWILA
Galaboda	GALABODA GALABODA GROUP THENKANDA	HENAKANDE	HENAKANDA LELWALA
Galaboda Organic Green	GALABODA ORGANIC GREEN TEA	Henatenna	HENATENNA HENATENNA CTC HORANA WATTE HORANA WATTE CTC
Galagawa	BOPAGODA GALAGAWA NEW GALAGAWA		
Galatara	GALATARA GALATARA A	Hill Side	HILLSIDE HILLSIDE GROUP
Galle Gangaboda	GALLE GANGABODA MAHAHENA	Hillgarden	HILLGARDEN TEA BANK
Galle Ray	GALLERAY	Himara	HIMARA SAMILKA
Gallinda	GALLINDA	Hingalgoda	HINGALGODA HINGALGODA CTC HINGALGODA SMALL-HOLDERS NUGAGALA CTC
Galpoththa Watta	GALPOTHTHA WATTA		
Gamagoda	RANRAJAGIRI UDUVILA		
Gangani	C K D CTC DANWATTA CTC GANGANI GURUGE	Hiniduma Hills	HINIDUMA HILLS THAWALAMA HILLS
		Hulandawa	HULANDAWA CTC
Gangasiri	GANGASIRI SUWANDA VALLEY	Iddamaldeniya	IDDAMALDENIYA IDDAMALDENIYA "A"
GIKIYANAKANDA	GIKIYANAKANDE NEW GIKIYANAKANDE	Imbulgahagoda	IMBULGAHAGODA NAVINDA
Golden Leaf	GOLDENLEAF WAKEEL	Iththagala	ITHTHAGALA SUPER MONARATHANNE
Gongauwa Hand Made	CYRIL'S TEA	Ivy Valley	IVY TEA IVY VALLEY

Ivyhills	DAVY HILLS IVY HILLS			OLANTA
J S P Nelun Dalla	KANDA KADUWA NELUN DALLA	Lenama Hills	CHANRA TEA LENAMA HILLS
Janahitha	JANAHITHA PAPALIYAGODA	Lihiniyawa	LIHINIYAWA LIHINIYAWA WATTA
Jansu Exports Handmade	HEARTIER TEA HANDMADE	Lions	LIONELS LIONS
Jasmine Valley	SELNA SENPIPI	Liyonta	LIYONTA LIYONTA CTC RISINAKA RISINAKA CTC
Jayasinghe	NIMHAN SAMVIN		
Kahatapitiya	KAHATAPITIYA SANDARU	Liyota	LICKRA NIMLA
Kallumalay	KALLUMALAY	Lucky Dais	LUCKY DAIS NEW LUCKY DAIS
Kalubowitiyana	KALUBOWITIYANA KALUBOWITIYANA CTC	Lucky Kottawa	LUCKY GALGODAWATTA LUCKY KOTTAWA
Kandedola	KANDEDOLA NEW KANDEDOLA	LUCKYMEEGAHATHENNA	LUCKYMEEGAHATHENNA LUCKYWELMEEGODA
Kanneliya	KANNELIYA PANANGALA PANANGALA HILLS	Lumbini	LUMBINI LUMBINI VALLEY ORGANICS LUMBINI WATTA
Kanrich	HENEGAMA HENEGAMA SUPER	Magedara	AL JAWDA MAGEDARA
Kanuketiya	KANUKETIYA	Mahaliyadda	MAHALIYADDA UKOWITA
Karagoda	KARAGODA KARAGODA HILLS SUNNY HILLS	MAHAMBANA	M.P.W. MAHAMBANA
KATANDOLA	KATANDOLA THALAGASPE	Mahendra	MANENDRA NEW MAHENDRA
Katanwila	FIELDVIEW KATANWILA	Mahesland	DGN MAHESLAND Mahesland
KELLAPATHA	KELLAPATHA NAVODA SAMIRA	Makandura	MAKANDURA NEW MAKANDURA
kingsbru	KINGSBRU LAZE RATHNAYAKA GROUP	Malmorakanda Estate -	MALMORAKANDA ESTATE -
		Marakanda	MARAKANDA MARAKANDA CTC NEW MARAKANDA NEW MARAKANDA CTC
Korahilagoda	KORAHILAGODA KORAHILAGODA A		
Kosgahadola Ella	EHELAKANDA KOSGAHADOLA ELLA	Mathota	MATHOTA MATHOTA HILLS
Kudamalana	DIVASLAND KUDAMALANA	Mawarala Tea Shakthi	MAWARALA MAWARALA WATHTHA
KUDAPANA	KUDAPANA SUPER COLA	MEDDAGEDARA	KORATUHENA MEDDAGEDARA
Kumudu	ITTAPANA KUMUDU NEW KUMUDU	Mendis	DORALAHENA TEA MENDIS TEA
Kunduppakanda	ANGULUGAHA KUNDUPPAKANDA	Menikkanda	MENIKKANDA PREMA TEAS
Kurunuduwatta	KURUNDUWATTA PATHMA GROUP	MIHIRIGEEKELE	CHRISTOMBU MILLAKANDE
Kurupanawa	KURUPANAWA KURUPANAWA - SMALLHOLDERS	Miriswatta	HALGAHADOLA MIRISWATTA SACHITHA
		Miyanawathura Refuse Tea Processing	KURULUGALA MIYANAWATHURA KIRUWANAGANGA M
Lakmali	DINARO LAKMALI		
Lakvinka	LAKVINKA	Moragalla	MORAGALLA A1

© 2024 MITSUTEA G.K.

Morakanda Tea-Handmade	MORAKANDA TEA
Moraketiya	MORAKATIYA MORAKATIYA SUPER
Morawakkorale	KOTAPOLA MORAWAKKORALE
Mulatiyana	GALKADUWA MULATIYANA HILLS
Mussendapota	MUSSENDAPOTHA NEW MUSSENDAPOTTA
Muswenna	MUSWENNA WALPOLA
Nahinigala	NAHINIGALA NAHINIGALA SUPER WANDURAMBA
Naindawa	BERANAGODA NAINDAWA
Nandana	NANDANA
Nawa Diyagala	DIYAGALA NEW DIYAGALA
Neluwa Medagama	HINIDUMA HINIDUMA CTC HINIDUMA SMALL HOLDERS
Neluwa Thiniyawala	G MOON LIGHT NELUWA THINIYAWALA THINIYAWALA HILLS
Neo Tea Processing	NEO NEO SUPER
Neptune	JUPITER NEPTUNE VENUS
New Athuraliya	ATURALIYA NEW ATURALIYA
New Gamini	ASEKLAND CHANDRA ELIYA NEW GAMINI
New Handugala	HANDUGALA HANDUGALA HILLS
NEW J S P	HORAWALA J.S.P. NEW J.S.P
New Kirimetideniya	KIRIMETIDENIYA NEW KIRIMETIDENIYA
New Kottawa Valley	KOTTAWA PLAINS KOTTAWA VALLEY
New South-Co-Op	N.S. CO-OP NEW SOUTH COOP
New Udumullagoda	NEW UDUMULLAGODA NEW UDUMULLAGODA - SUPER
Nil Ella	NIL ELLA NIL ELLA GARDEN
Nil Gahahena	NILGAHAHENA NILGAHAHENA HILLS
Nil Kandura	NIL KANDURA NIM SARA
Nildiya Valley	NILDIYA VALLEY PANADUGAMA
Nilrich	MIHIMUTHU

	NILRICH
Nilwala	NILWALA NILWAN
Olga Tea Processing Center	OLGA
Olympus	OLYMPUS OLYMPUS-RIVERSIDE
Palindanuwara	PALINDANUWARA
Paragodakanda	IMADUWA PARAGODAKANDA
Pasgoda	PASGODA PASGODA SMALLHOLDER
PELAWATTE	PELAWATTE
Pimburagala	PIMBURAGALA SAPUMAL
Pitiyagoda	PITIYAGODA
Polgahawila	ORCHARD POLGAHAWILA
Pothotuwa	POTHOTUWA POTHOTUWA "A"
Purerich	NEW PURERICH PURERICH
Randeniya	RANDENIYA RANDENIYA WATHTHA
Ranmeer	RANMEER RUHUNU TEA
Ransavi	RANSAVI SHAKTHI
Ransegoda	RANSEGODA RANSEGODA HILLS
Rasa	PATTIGALA RASA
RASOTA	RASOTA VINTEE
Rathkanda	ELEFANTEA RATHKANDA TEA
Rathmalgoda	RATHMALGODA SUPER
Rathna	MABOTUWANA RATHNA
Rekadahena	NEW REKADAHENA REKADAHENA
Richiland	LILY VALLEY RICHILAND
Romaclo Beverages (pvt) Ltd Tea Processing Center	HALDOLA
Rotumba	ROTUMBA SUNWIN
Ruhunu	PORAWAGAMA WATHTHAHENA
Ruhunuputha	DERRICK TYRONNE RUHUNUPUTHA TEA
Rukattana	RUKATTANA THARANGA
Ruwanthanne	HARITHA RUWANTHANNE
S.L.S	MALANI WATTE

	S.L.S
S.P.R. Handmade	CEYLON SPRING W P CEYLON SPRING W P SPRING
Samrin	SAMRIN TELLAMBURA
Sanasa	MEEPAWALA SANASA TEA SANASA
Semidale	SEMIDALE
Seranya	SERANYA SERANYA SUPER
Shakyan Tea Valley Hand Made	SHAKYAN TEA VALLEY
Sihara	NIMSAVI SIHARA
Silvery	SILVEREEN SILVERY
Sinensis	SADHRI SINENSIS
Sineth	ISURA SINETH
Singhakawaya	MOUNT LINTON WEST PORT
Sirimevana	PADMASIRIMEWANA SIRIMEWANA
South Co-Op	M.D.C.T. SOUTH CO - OP
Subhagya	SUBHAGYA SUPOSHA
Sudugahahena	SUDUGAHAHENA WICKRAMS
Sunrise	NUGEHENA SUNRISE
SUSANTHA	BAMBARAWANA HILLS SUSANTHA
Suviska	RUKMALDOLA SUVISKA
Talapalakanda	DANDENIYA HILLS TALAPALAKANDA
Talgaswella	NEW GALLINDA TALGASWELLA
Talgasyaya	DILSHAN THALGASYAYA
Thalangaha	NAKIYADENIYA THALANGAHA
Thalgampola	BEAUTY VALLY DARLINGTON VALLY
THAMMENNA	TAMMANNA TAMMANNA WATTA
THILAKA	PITUWALA THILAKA
Thiruwanakanda	ANNASIGALA THIRUWANAKANDA
Thisara	THISARA THISARA SUPER
Thotupalawatta	THOTUPALAWATTA ULUWITIKE

Three Times	D.A. THREE TIMES TEA
Thundola	THUNDOLA THUNDOLA ELLA THUNDOLA WATTA
Tippola	TIPPOLA HILLS TIPPOLA TEAS
Trio Ventures Specialty Hand Made	TRIOLA
UDU ELLA	RED CLIFF UDUELLA
UPPER HOMADOLA	HOMADOLA NEW UDUGAMA
Urubokka	GREEN HILLS WIN HILLS
Uruwala	URUWALA URUWALA "A"
VOGAN	VOGAN
Vonvil	LIYAKRA VONVIL
Walahanduwa Tea Shakthi	RUMASSALA HILLS UNAWATUNA
Walawwatta	ABAYAGUNAWARDANA WALAWWATTA
Walpita	MONROWIYA WALPITA WALPITA A
Wasantha	PASDUN KORALAYA WASANTHA
WATHURAWILA	MANIKWILA WATHURAWILA
Waulugala	WAULUGALA WAULUGALA GROUP
Weewarugoda	RANSEWANA WEEWARUGODA
Weihena	DAY LIN VELLEY WEIHENA
Wicklow Hills	WICKLOW HILLS
Wijaya	URALA WIJAYA GROUP
Wilehena	SHEIK SUPPER WILEHENA
Willie Group	WILLIE GROUP WILLIE GROUP SUPER
Wimalagiri Tea Processing Center	WIMALAGIRI
WINWOOD	WINWOOD WINWOOD GARDEN
Woodland	TORRENT TEA WOODLAND TEA
Yakkalamulla	LINARA OMEER YAKKALAMULLA
Yalta	YALTA YALTA HILLS
Yasmeen Tea Paradise Hand Made	YASMEEN

Colombo

Name	Selling Mark
Tea Tip Ceylon Hand Made Tea	TEA TIP CEYLON

© 2024 MITSUTEA G.K.

ティーテイスティング用語

出展　国際標準化機構（ISO）ホームページ内 Black tea (Dry leaf, Liquor, Appearance of infused leaf) より

Appearance　茶葉の外観

Attractive	Describes well-made leaf of good colour, uniform in size and texture 色もよく、大きさも質感も均一で、よくできた葉。
Bold	Describes the size of tea which is larger than normal for the grade. グレードの通常よりも大きい紅茶のサイズ。
Clean	Describes an evenly sorted grade of tea which is free from quantities of other grades and is devoid of stalk, fibre and extraneous matter. ほかのグレードの茶葉が含まれておらず、茎や繊維、異物が含まれていない、均等に選別されたグレードの紅茶。
Crushed	Dry leaf texture indicating untidy and dusty leaf appearance. 乾燥した葉の質感が乱雑で、ほこりっぽい葉の外観。
Curly	Describes rolled leaf with a curled appearance. カールした外観をもつ丸まった葉。
Dusty	Describes a leaf or Fannings grade which contains tea dust. こまかいサイズの茶葉が含まれている葉、またはファニングの等級。
Even	Describes hard leaf Fannings and Dust grades which are small, clean and granular. 同じグレードの葉で構成され、ほぼ同じサイズで構成される紅茶。
Fibry : Fibrous	Describes tea containing a noticeable amount of shredded stalk and fibre. こまかくカットされた茎と繊維が顕著に含まれる紅茶。
Flaky : Flat	Flat open leaves. 平たく開いた葉。
Grainy	Describes hard leaf Fannings and Dust grades which are small, clean and granular. 小さく、きれいな粒状の硬い葉のファニングスとダストグレード。
Hairy : Whiskery	Describes a tea containing a noticeable amount of long thin fibre. 細長い繊維を多く含む紅茶のことをさす。
Heavy	Describes teas of high bulk density notwithstanding their appearance. 見た目に反して、かさ密度が高い紅茶。

Irregular	Describes badly graded teas which remain uneven after grading. グレード分け後でも不均一、不充分な紅茶。
Large	Describes the size of a tea which is bigger than normal for the grade. グレード分けされた紅茶のサイズよりも大きいサイズの紅茶。
Leafy	Describes a tea containing larger leaves than would be normal for its grade. そのグレードの通常よりも大きな葉を含む紅茶。
Mixed ; Uneven	Describes the appearance of a particular grade which has been badly stored and contains quantities of other grades. 不適切にグレード分けされ、ほかのグレードの紅茶に含まれている特定のグレードの外観。
Neat	Describes a good leaf of even appearance. 見た目が均一のサイズでよい紅茶。
Open	Describes very loosely rolled, flat and untwisted leaf. Applicable principally to large leaf. 非常に緩く巻かれ、平らでねじれていない葉をあらわす。主に、大きな葉の紅茶に使用。
Powdery	Describes very fine light dust. 非常にこまかく軽い紅茶。
Ragged	Describes shaggy and uneven leaf. もこもこで不均一な紅茶。
Shotty	Describes well-made, very tightly rolled leaf reminiscent of gunshot. 非常にしっかりと巻かれたよくできた紅茶。
Stalky	Describes tea containing an abnormal amount of stalk. 異常な量の茎が含まれる紅茶。
Stylish	Describes the leaf of a tea which has been well manufactured and is of superior appearance. よく製造され、すぐれた外観を備えた紅茶。
Tippy	Describes teas containing noticeable amounts of tip. かなりの量の芯芽を含む紅茶。
Tips	Tea buds and first leaf having absorbed natural juices during rolling, acquiring a golden or silver colour after firing. 芯芽とその下の葉は、揉まれると葉汁を吸収し、乾燥させると金色、または銀色になる。
Twisted	Describes a well withered and rolled orthodox tea. よく萎凋されてよじられた、オーソドックス製法でつくられた紅茶。
Well-made	Describes a tea which is uniform in colour, size and texture but not necessarily indicative of good quality tea. 色、サイズ、質感が均一な紅茶をさすが、必ずしも品質がよいことを示すものではない。

Wiry	Describes very twisted , whole leaf grades which are thin in appearance. よくよじれていて、細長いホールリーフグレード。

Colour　茶葉の色

Black	Describes leaf which is black colour, and generally indicates good plucking and careful manufacture. Not necessarily indicative of good quality. 葉が黒色であることをあらわし、一般的に摘みとりが良好でていねいに製茶されていることをさす。必ずしも品質がよいことを示すものではない。
Brown	Describes leaf which is brown in colour, particularly in CTC teas, following slow growth. 特にCTC紅茶において、ゆっくりと熟成したあとに茶色になる葉をさす。
Dull	The appearance of dry leaf which is lacking in bloom and life. 生気が欠けた紅茶の外観。
Grey	A most undesirable colour of the dry leaf. 乾燥した紅茶の最も望ましくない色。

Taste　味

Attractive	Describes a useful liquoring teas which has a degree of quality. ある程度の品質を備えた、有用な紅茶液。
Bakey	Describes an unpleasant characteristic noticeable in the liquors of teas which have been subjected to higher than desirable temperatures during the firing operation. 乾燥中に、望ましい温度よりも高い温度にさらされた不快な特性。
Biscuity	Describes liquor having a characteristic reminiscent of biscuits. ビスケットを思わせる特徴を表す。
Body	Describes a liquor possessing fullness and strength as opposed to a thin liquoring tea. ライトな水色の紅茶とは対照的に、豊かさと力強さを備えた紅茶。
Brisk	Describes a live taste in the liquors as opposed to flat or soft. 平坦ややわらかさとは対照的な、紅茶液の生きた味わい。

Burnt	Describes an undesirable characteristic found in the liquor from teas which have been subjected to abnormally high temperatures during firing; a degree worse than bakey. 乾燥中に異常な高温にさらされた茶液に見られる、望ましくない特性。ベイキーよりもさらに悪い。
Coarse	Describes a harsh undesirable liquor sometimes caused by the presence of stalk and/or fibre in the dry leaf. 乾燥した葉に茎や繊維が存在することによってときどき引き起こされる、刺激の強い望ましくない紅茶液。
Earthy	Describes an undesirable taste reminiscent of earth discernible in teas which have been stored in unsatisfactory conditions. 不充分な条件で保管された紅茶に見られる、土を思わせる望ましくない香り。
Flat	Describes uninteresting lifeless tea liquor which is lacking briskness. This may result from age or poor storage conditions. 活気に欠け、生気のない茶液。これは、経年劣化や保管状態が悪いことが原因である可能性がある。
Flavour	Very characteristic taste and aroma of fine teas ; usually associated with high grown teas. (The term flavoury is used to describes such teas.) すばらしい紅茶の特徴的な味と香り。通常、高産地の紅茶に関連づけられる。
Fruity	A self-explanatory term applied to liquors which have an over-ripe character. 熟した果実のような特徴をもつ紅茶液。
Full	Describes a liquor a possessing colour, strength, substance and roundness, as opposed to empty thin. 薄っぺらい味とは対照的に、色や強さ、ボディ、まろやかさを備えた紅茶液をあらわす。
Fully Fired	Describes the liquor of a tea which has been slightly over–fired during manufacture. 製造中にわずかに火入れしすぎた紅茶液。
Gone off	Describes a tea that is below expectations, probably owing to poor manufacture or age. おそらく適正な製茶ではない、またはフレッシュではないため、期待を下回った紅茶。
Green ;Greenish	Describes an unpleasant astringency which may be due to inadequate withering or fermentation. 不充分な萎凋、または発酵による可能性がある、深い渋み。
Harsh; Harshness	Describes a raw and unpleasing characteristic in tea liquor. 茶液の生々しく不快な特徴。
Heavy	Describes a thick, coloured, strong dull tea, which is generally undesirable. 濃厚で色が濃く、強く鈍い紅茶をさすが、一般的には望ましくない。

High Fired ; Over Fired	Describes the liquor of a tea which has had too much firing. It is generally undesirable except the case of certain Darjeeling teas where it is a great asset. 火入れしすぎた紅茶液。これは、大きな特徴となる特定のダージリン茶の場合を除いて、一般的に望ましくない。
Light	Describes a liquor which is rather thin and lacking depth of colour, but which may be flavoury or pungent or both. 薄くて色の深みに欠けるというよりも、風味や心地よい渋み、あるいはその両方を備えた紅茶。
Malty	Describes a desirable characteristic in some teas which have been fully fired, suggestive of malt or caramel. しっかりと火入れされた一部の紅茶に見られる、麦芽やキャラメルを思わせる好ましい特徴を表す。
Mellow	Describes the liquor of a tea which has matured very well. 非常によく熟成された紅茶の液体を表す。
Neutral	Describes a tea liquor which possesses no pronounced characteristics. 顕著な特徴をもたない紅茶。
Nutty	Describes a desirable characteristic, suggestive of nuts. ナッツを連想させる、望ましい特徴を表す。
Old	Describes liquor from tea which has lost through age those attributes which it possessed originally. 月日がたち、本来もっていた特徴が失われてしまった茶液。
Plain	Describes teas which are clean and innocuous but lacking character. きれいだがさしさわりがない、個性に欠ける紅茶。
Pungent	Describes a tea liquor having marked briskness and an astringent effect on the palate without bitterness. A most desirable cup characteristic. 苦みがなく、顕著なさわやかさと収斂効果のある茶液。最も望ましいカップ特性。
Quality	Describes a preponderance of desirable attributes which are the essential characteristics of a good tea. よい紅茶の本質的な特徴である望ましい特質。
Raw	Describes an astringent and bitter tasting liquor. 渋みと苦みのある茶液をあらわす。
Self-Drinking	Describes an original tea which is palatable in itself and does not necessarily require blending before being consumed by the public. それ自体でおいしく、必ずしもブレンドする必要がないオリジナルの紅茶。
Smokey	Describes an odour or taste of smoke, often caused by a defect in the drier. 乾燥機の欠陥によって引き起こされる煙のにおい、または味。

Soft	Describes liquor lacking life. The opposite of brisk. 生命力に欠ける茶液をあらわす。 生き生きした、の反対。
Sour	Describes an undesirable acid odour and taste. 望ましくない、酸性の匂いと味。
Spicy	Describes liquor having character, suggestive of cinnamon, cloves, etc. This is sometimes, but not necessarily, the effect of contamination. シナモンやクローブなどを思わせる特徴のある茶液。これはときどき発生するが、必ずしも汚染の影響ではない。
Stale	Describes a rather old chacteristics, used when describing teas which have been stored for too long or under humid conditions. かなり古い特徴をあらわし、長期間、または湿気の多い条件下で保管された紅茶を説明するときに使用。
Strength; Strong	Describes a liquor with powerful tea characteristics, but not necessarily thick. A very desirable characteristics, but not essential in certain flavoury teas. 力強い紅茶の特徴をもつ茶液をさすが、必ずしも濃いわけではない。 非常に望ましい特性だが、特定の紅茶では必須ではない。
Taint	Taste and odour foreign to tea. 紅茶とは異なるにおい。
Thick	Describes liquor having substance but not necessarily strength. 実体があるが、必ずしも強さがあるわけではない茶液。
Thin; Weak	Describes tea liqour lacking thickness and strength. とろみや力強さに欠ける茶液。
Weatherly	Describes a soft unpleasant characteristics, which is occasionally evedent in the liquors of teas manufactured during wet weather. 雨天時に製造される茶液にときおりあらわれる、やわらかく不快な特徴。
Weedy	Describes a cabbagy type of liquor which is undesirable. 望ましくない、キャベツのような茶液。
Woody	Describes a characteristic reminiscent of freshly-cut timber, evident in some teas manufactured very late in the season. シーズンのかなり遅い時期に製造された紅茶に見られる、切りたての木材を思わせる特徴を表す。

Colour 茶液の水色

Bright Describes a live liquor, opposite of dull. It is a desirable characteristic, usually associated with careful manufacture.
鈍い色とは反対の生き生きとした茶液。 これは望ましい特性であり、通常は慎重に製造する必要がある。

Coloury Describes liquor possessing depth of colour.
深みのある水色。

Dull Describes liquor which is neither lively nor brisk as opposed to bright and as such is undesirable.
明るいとは対照的に、活気や生気がなく、それ自体が望ましくない茶液。

Golden Describes liquor which is bright and attractive. It is used of any tea which is lighter and more yellowy golden than normal.
明るく魅力的な紅茶をさす。 通常よりも明るく、黄色がかった黄金色の茶液。

Rosy Describes tea liquor with more reddish tint.
より赤みを帯びた茶液。

Appearance of Infused leaf 茶殻

Bright Describes an infused leaf having a bright colour, denoting a good quality tea.
抽出した茶葉の色が明るいことをあらわし、高品質の紅茶を示す。

Coppery; New penny Describes a bright infused leaf having a coppery colour, denoting very good quality tea.
銅色の明るい抽出した葉をあらわし、非常に高品質の紅茶を示す。

Dull Describes an infused leaf having a brown or dark green colour indicating a low quality tea. It is an undesirable characteristic, rarely associated with a good liquor, and may at times be a natural property of the leaf.
抽出した葉の色が茶色、または濃い緑色であり、低品質の紅茶であることを示す。 これはよい紅茶にはめったに関係しない望ましくない特性であり、葉の自然な特性である場合もある。

Green If bright, often denotes an infused leaf of good quality, but, if dull, denotes a poor quality infused leaf obtained as a result of climate or defect in manufacture.
抽出した茶葉が明るい場合多くの場合は高品質をさすが、鈍い場合は気候、または製茶時の欠陥の結果を示す。

参考文献

- Annual Report – Sri Lanka Tea Board
- Tea Research Institute of Sri Lanka ／Field Guidebook
- Tea Research Institute of Sri Lanka ／HANDBOOK ON TEA –
- 川﨑武志　中野地清香　水野学『紅茶 味わいの「こつ」理解が深まるQ＆A89』 柴田書店
- 田中哲『もっとおいしい紅茶を飲みたい人へ　WHAT A WONDERFUL TEA WORLD！』 主婦の友社
- 旭屋出版編集部『プラントベースミルク　メニューBOOK』旭屋出版
- 一般社団法人 日本バーテンダー協会監修『カクテル大全』西東社
- サッポロビール公式ファンサイト「CHEER UP！」
  https://blog.sapporobeer.jp/
- 林真一郎編『メディカルハーブの事典 – 主要100種の基本データ』東京堂出版
- エンハーブ監修『エンハーブ式ハーブティー　Perfect　Book』河出書房新社
- 農林水産省「砂糖あれこれ」
  https://www.maff.go.jp/j/seisan/tokusan/kansho/kakudai/questionanswer/question.html
- スパイス オブ ライフ「スパイスをもっと楽しむ・役立てる」
  https://www.h-spice.jp/
- 一般社団法人日本乳業協会「乳と乳製品のQ&A」
  https://www.nyukyou.jp/
- CLIMATE CHANGE
  RISK PROFILE OF THE MOUNTAIN REGION IN SRI LANKA
  MAY 2022
  https://www.adb.org/sites/default/files/publication/798386/climate-change-risk-profile-mountain-region-sri-lanka.pdf

MITSUTEA
セイロン紅茶専門店 ミツティー

紅茶(スリランカ産シングルオリジンティー、季節のオリジナルブレンドティー、
リーフとティーバッグをご用意)ティーグッズ/紅茶ギフト/業務用紅茶

OPEN 11:00-18:00(土日祝)／12:00-17:00(平日)
CLOSED 月曜(祝日の場合は翌火曜)
ONLINE SHOP 11:00-17:00 平日

231-0868
神奈川県横浜市中区石川町2-69 メゾンリブレ1F
TEL. 045-263-6036
info@mitsutea.com

www.mitsutea.com

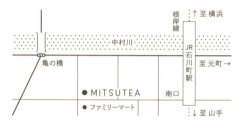

ストレートティー
STRAIGHT TEA

MITSUTEA

ヌワラエリヤ紅茶
レモンのような華やかな柑橘系の香り。グリニッシュで若々しい味。パンジェンシーといわれる心地よい渋み。清らかですっきりとした飲み口。

ウバ紅茶
世界三大銘茶のひとつ。7-9月の乾季にクオリティーシーズンに入ると、天然のさわやかなメントールの香りに。チョコレートとの相性抜群。

ウダプッセラワ紅茶
美しく赤みがかったオレンジ色の水色、深みのあるメロウな味わい、繊細でフラワリーな風味は、まるで花束のようなニュアンス。

ディンブラ紅茶
水色は濃い赤橙色。香りは製茶工場に立ち上る発酵の奥深さそのまま。ウッディーなコクがあり、日本でもスリランカでも一番人気。

キャンディー紅茶
水色が美しくクセの無い紅茶。渋みが少なく飽きのこない味。茶葉自体に甘みのあるものを厳選。あんずのようなフルーティーな甘み。

サバラガムワ紅茶
茶葉そのものの力強いボディーと、蜂蜜に包まれたような甘みが特徴的。香りまでも濃密な甘みを感じる紅茶。

ルフナ紅茶
水色はかなり濃く、アメリカンコーヒーのようなほろ苦さと香ばしさのある珍しい紅茶。ほんの少しの砂糖を入れると、さらにその特徴が際立つ。

エブリデイブレンドティー
茶葉の奥深いコク、滋味が味わえるオリジナルブレンド。一杯目はストレートティー。茶葉を入れたままにして、二杯目はミルクティーとして。

ストレートティーブレンド
奥深いところに静かに感じるウッディーなコク。のど元からふわっと戻る涼やかな香りの余韻。紅茶の深みと軽やかな香りで上品な仕上がりに。

シナモンティー
世界最高品質といわれるスリランカ産のセイロンシナモンをたっぷりブレンド。スイーツを思わせるような甘みのあるシナモンがアクセントに。

ジンジャーティー
高知・四万十川沿いの畑で収穫した、農薬使用量を大幅に抑えた生姜を使用。じっくり蒸らすと、辛みではなく、甘みが堪能できる希有な紅茶。

シトラスティー
スリランカ産の紅茶をベースに、レモンバーベナ、レモングラス、レモンピールをたっぷりブレンド。シャープですっきりとした飲み心地。

本格アイスティーハウスブレンド
茶葉の旨みとコクをぎゅっと凝縮した、黄金糖のようなアイスティー。しっかりめのボディーで、アイスアレンジティーのベースとしてもおすすめ。

清涼水出しアイスティー
紅茶の産地の清流を思わせるような、楚々として、凛とした、清らかな味。白ワインのように冷蔵庫でキンキンに冷やして楽しんでみても。

水出しアイスシトラスティー
スリランカ産の紅茶をベースに、レモンバーベナ、レモングラス、レモンピールをブレンド。シャープですっきりとした飲み心地。

水出しアイスミントティー
すがすがしい、ペパーミントの清涼感あふれるアイスティー。水出しだけではなく、炭酸水で出し、スパークリングアイスミントティーも美味。

水出しアイスローズティー
スリランカの紅茶をベースに、レッドローズをたっぷり贅沢にブレンド。ローズの甘い香りがふわりと広がり、やさしくまろやかな仕上がり。

水出しアイスハイビスカスティー
ハイビスカスにはビタミンCがたっぷり。マイルドな酸味の中に、ほのかな甘み。透明感のある赤い水色も美しく、おもてなしのアイスティーとしても。

ミルクティー
MILK TEA

MITSUTEA

ウバ紅茶
世界三大銘茶のひとつ。7-9月の乾季にクオリティーシーズンに入ると、天然の爽やかなメントールの香りに。軽やかなミルクティーに。

ディンブラ紅茶
水色は濃い赤橙色。香りは製茶工場に立ち上る発酵の奥深さそのまま。茶葉の量を2倍にしてミルクを入れると、コクのあるミルクティーに。

ルフナ紅茶
水色は濃く、アメリカンコーヒーのようなほろ苦さと香ばしさ。茶葉の量を2倍にしてミルクを入れると、大人ビターで香ばしいミルクティーに。

ディンブラCTC紅茶
まるで少しだけココアを足したかのようなこっくりとしたミルクティーの味わい。ミルクキャラメルのような濃厚さも楽しんで。

キャンディーCTC紅茶
ボディーがしっかりとした麦芽系の風味の余韻。くるみのようなナッツの風味がアクセントになる。ミルクに負けない濃厚なミルクティー。

サバラガムワCTC紅茶
ローストしたような力強いかぐわしさ。引き締まった香りの余韻が、まるでカフェオレのよう。ぜひ単品で楽しんでいただきたいミルクティー。

ルフナCTC紅茶
ボディーがしっかりとしている濃厚ミルクティー。スコーンや焼き菓子などのペアリングとしておすすめ。スパイスと煮込むチャイにもぴったり。

ミルクティー専用紅茶
ディンブラの上質な香りをしっかり残した紅茶はミルクとなめらかに融合。まさにイングリッシュミルクティーの決定版。

マサラチャイ
スリランカ産のCTC紅茶をベースに、セイロンシナモン、カルダモン、クローブ、フェンネルシードをオリジナルブレンド。香り広がるチャイ。

ミルクティーブレンド
熟した果実のような奥深い香りとコク。まったりとせずキレがいいので、サンドウィッチやクロワッサンなどの朝食のお供にぴったり。デイリーユースとして。

濃厚アイスミルクティー
自宅で作るアイスミルクティーとは思えないほど濃厚でとろとろ。ホットでしか味わうことができなかった、ほろ苦系の滋味までしっかり抽出。

MITSUTEA　ミツティー

2001年、代表の中永美津代がスリランカで紅茶修行を開始。1年かけて訪問した茶園は70を超え、政府紅茶局より推薦状を受領。2002年にセイロンティー専門のオンラインショップ「MITSUTEA」を立ち上げ、紅茶の販売を開始。紅茶の卸、紅茶レッスンもスタートする。2006年に『泣いて笑ってスリランカ 体当たり紅茶修行の1年日記』（ダイヤモンド社）を出版。茶園や紅茶スポットを巡り、暮らすように旅する「スリランカ紅茶ツアー」を開始。2012年に横浜にセイロン紅茶専門店「MITSUTEA」をオープン。単発の紅茶レッスンや、系統立てて学べるセイロンティー・コースレッスンを開始。2019年に『紅茶の聖地を巡る旅　SRI LANKA TRAVEL BOOK』（サンクチュアリ出版）を出版。2020年に紅茶レッスンをすべてオンラインへ切り替え、受講者は全国へと広がる。2022年にMITSUTEA合同会社設立。取引先へのコンサルティング業務を開始する。2024年、店舗内に「スリランカのティーテイスティングルーム」を新設。

デザイン	佐々木 信、石田愛実 (3KG)
イラスト	池畑龍之介、瀬尾涼音、谷口風太 (3KG)
撮影	石野明子 (STUDIO FORT)
	Aveendra Lakshan
	佐々木 信 (3KG)
	矢島直美
編集	伊藤葉子 (Tea Time編集長)
	田口みきこ (Tea Time)
	東明高史 (East Light)

Special Thanks
Sri Lanka Tea Board　スリランカ大使館　Ruwan Rajapaksa
白石佳菜江　Malini Perera

MITSUTEA
https://www.mitsutea.com/

CEYLON TEA SCHOOL
https://www.ceylonteaschool.com/

ALL ABOUT CEYLON TEA
聖なる島・スリランカからの贈り物。
セイロンティー、おいしさの秘密 ——

2024年11月2日　第1刷発行

著者	MITSUTEA
	（中永美津代、山口裕子、鈴木綾子）
発行者	伊藤葉子
発行所	ティータイム
	〒107-0062　東京都港区南青山6-3-14 サントロペ南青山302
	HP https://teatimemagazine.jp ／ Email info@teatimemagazine.jp
	ISBN 978-4-910059-10-5
印刷・製本	株式会社 シナノパブリッシング プレス

©MITSUTEA 2024
本書掲載の記事・写真・イラストなど無断転載や複写、複製を禁じます。